电力系统
时钟同步技术

王顺江 李 铁 陈晓东 王广福 谷 博 编著

中国电力出版社

CHINA ELECTRIC POWER PRESS

内 容 提 要

本书围绕电力信息时钟同步技术，全面阐述了电网时钟同步方式、原理、评估指标以及监测方法和信息同步技术。本书共分 11 章，包括时间同步技术概述、时间同步系统、对时评估指标与测试方法、串口报文对时技术、脉冲对时技术、IRIG-B 码对时技术、网络时钟对时技术、PTP 对时技术、时间同步监测系统、机器学习时钟同步技术、信息同步技术，涵盖了目前电网信息时钟同步技术的各个方面的详细讲解。

本书适合电力系统及其自动化专业、调度控制、现场运行等人员阅读，也可供相关专业技术人员和高校电力专业师生学习参考。

图书在版编目（CIP）数据

电力系统时钟同步技术 / 王顺江等编著. —北京：中国电力出版社，2022.3（2022.6 重印）
ISBN 978-7-5198-6032-5

Ⅰ．①电… Ⅱ．①王… Ⅲ．①电力系统调度－调度自动化系统 Ⅳ．①TM734

中国版本图书馆 CIP 数据核字（2021）第 194083 号

出版发行：中国电力出版社
地　　址：北京市东城区北京站西街 19 号（邮政编码 100005）
网　　址：http://www.cepp.sgcc.com.cn
责任编辑：孙　芳
责任校对：黄　蓓　郝军燕
装帧设计：赵姗姗
责任印制：吴　迪

印　　刷：三河市万龙印装有限公司
版　　次：2022 年 3 月第一版
印　　次：2022 年 6 月北京第二次印刷
开　　本：787 毫米×1092 毫米　16 开本
印　　张：10
字　　数：208 千字
定　　价：60.00 元

编　委　会

前　言

　　随着社会科学技术的不断发展，电力信息化系统技术得到了飞速的发展，电力信息化系统时间同步技术就是其中的代表。随着电力系统自动化程度的提升和规模的扩大，系统对于时钟同步的准确性以及精准度提出了更高的要求，同时电力信息时钟同步技术也受到了越来越多的关注。在电网的调度方面，以远程信息化管控，多通过通信及计算机软件支撑的自动化设备实现远程控制，这些设备的运行需要在标准统一的时间下运行，否则电力系统无法有效的运转。所以目前对电力信息时钟同步技术的研究对电力系统安全、稳定、可靠运行有着重要意义。

　　社会发展对于电力系统精准性的要求需要时间同步技术的支持，但是从目前行业发展来看，我们仅仅实现了电力系统不同站点内部的局部时钟同步，针对整个系统的精准时钟同步还没有完全实现，例如电力系统各个变电站一级电厂之间的时钟同步还没有完全实现，所以说时钟同步技术的推广和使用任重道远。本书围绕电力信息时钟同步技术，详细阐述了时钟同步基本原理，评估指标以及监测方法和信息同步技术，可为相关专业技术人员和高校电力专业师生提供参考，帮助读者实现对电力信息时钟同步技术的掌握。

　　在编写组全体成员的共同努力下，经过初稿编写、轮换修改、集中会审、送审、定稿、校稿等多个阶段，完成了本书的编写和出版工作。本书各章节中讲解的电力信息时钟同步原理准确、全面，为读者提供丰富的电力信息时钟同步技术支持，从而全面提升电力工程技术人员在电力信息时钟同步方面能力。本书适合电力系统及其自动化专业、调度控制、现场运行等人员阅读，也可为相关专业技术人员和高校电力专业师生提供参考，希望各位读者通过阅读本书，提升对电力信息时钟同步技术的理解，为日常工作带来帮助，本书编辑时间较短，若有错漏，请各位读者批评指正。

编　者

2021 年 11 月

前言

时间同步技术概述

1.1 时间与时间同步概念

时间通常来说有两种含义，可理解为"时刻"，即某个事件何时发生；也可理解为"时间间隔"，即某个时间相对于某一时刻持续了多久。"同步"是指各个信号之间在频率或相位上保持某种严格的特定关系，即在相对应的有效瞬间以同一平均速率出现。

时间同步是通过一定的对比手段使两个时钟时刻保持一致的技术，可分为相对时间同步与绝对时间同步两种。相对时间同步是指某个系统内的时钟所进行的时间同步。绝对时间同步是指除了完成本系统内的时间同步外，还要与国家标准时间和国际标准时间相同步。

1.1.1 时间同步的相关术语

（1）时间同步系统（time synchronization system）。能接收外部时间基准信号，并按照要求的时间准确度向外输出时间同步信号和时间信息的系统。时间同步系统通常由主时钟、若干从时钟、时间信号传输介质组成。

（2）时间同步装置（time synchronizing device）。时间同步装置又称时钟装置，包括主时钟和从时钟。

（3）主时钟（master clock）。能同时接收至少两种外部时间基准信号（其中一种应为无线时间基准信号），具有内部时间基准（晶振或原子频标晶振或原子频标），按照要求的时间准确度向外输出时间同步信号和时间信息的装置。

（4）从时钟（slave clock）。能同时接收主时钟通过有线传输方式发送的至少两路时间同步信号，具有内部时间基准，按照要求的时间准确度向外输出时间同步信号和时间信息的装置，也可称为扩展时钟。

（5）时间准确度（time accuracy）。时钟装置输出的时间与标准时间（如北京时间）的一致性程度。

（6）时间同步准确度（time synchronization accuracy）。经时间同步后，被授时时钟输出的时间与授时时钟输出的时间的一致性程度。

（7）北京时间（Beijing standard time，BST）。指我国的标准时间。

（8）协调世界时（universal time coordinated，UTC）。以世界时作为时间初始基准，以原子时作为时间单元（s）基础的标准时间。

（9）无线时间基准信号（radio time reference signal）。以无线通信方式传播的时间基准信号。

（10）有线时间基准信号（wired time reference signal）。以有线通信方式传播的时间基准信号。

（11）时间同步网（time synchronization network）。由安装在不同地点的时间同步系统组成的网络。

（12）时间报文（time message）。包含时间信息和报头、报尾等标志信息的字符串。

（13）秒脉冲（1 pulse per second，1PPS）。一种时间基准信号，每秒一个脉冲。

（14）分脉冲（1 pulse per minute，lPPM）。一种时间基准信号，每分钟一个脉冲时脉冲。

1.1.2 时间同步装置的基本组成

时间同步装置主要由接收单元、时钟单元和输出单元三部分组成。

（1）接收单元。时间同步装置的接收单元以接收的无线和有线时间基准信号作为外部时间基准（主要接收 GPS、北斗卫星信号和 IRIG-B 码）。

（2）时钟单元。时间同步装置的接收单元含有内部时钟源（晶体钟或原子钟）。时钟单元从接收单元获取时间源，并按优先级选择一路时间源为当前使用时间源。时钟单元使用选中的时间源驯服内部时钟源，使内部时钟源与外部源同步，然后以内部时钟控制输出单元输出信号（解码+1PPS 同步过程）。

（3）输出单元。输出单元输出各类时间同步信号和时间信息。

1.1.3 常用的时间同步信号

（1）秒脉冲（1PPS）。即一种时间基准信号，每秒一个脉冲。

对时原理（以直接清零法为例）：被授时装置在捕捉到脉冲的上升沿（准时沿）时将自身时间秒以下的部分清零，即 0ms、0μs、0ns，如图 1-1 所示。

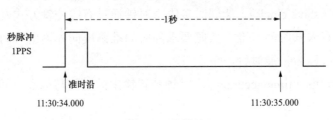

图 1-1　秒脉冲

（2）IRIG-B 码。即一种串行时间交换码。每秒 1 帧，包含 100 个码元，每个码元 10ms。分交流码和直流码。

对时原理（以直接清零法为例）：被授时装置在捕捉到 IRIG-B 码的准时沿（两个连续的码元 P 中第二个 P 开始的上升沿）时将自身时间秒以下的部分清零，即 0ms、0μs、0ns。秒及秒以上的时间信息从 B 码中得出，如图 1-2 所示。

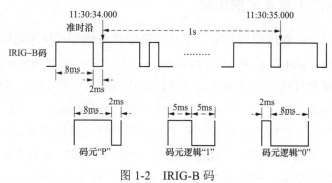

图 1-2　IRIG-B 码

（3）串行口时间报文。包含时间信息和报头、报尾等标志信息的字符串。每秒输出 1 帧。

对时原理（以直接清零法为例）：被授时装置接收到串行口时间报文时将自身时间秒以下的部分清零，即 0ms、0μs、0ns。秒及秒以上的时间从报文信息中解析得出。串行口时间报文一般从串口收发器中发出且主要用于软件对时，精度相对要求低，如图 1-3 所示。

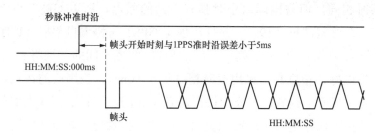

图 1-3　串行口时间报文

（4）网络时间报文。

1）NTP/SNTP 网络时间协议/简单网络时间协议。

软件时标，对时精度较低，只能到毫秒级。对被授时装置没有特殊要求。

2）PTP 精密时间协议（IEEE 1588）。

硬件时标，对时精度达到亚微秒级，但需要时钟和被授时装置硬件上都支持硬件时标功能。

1.1.4　时间同步的方法

（1）直接清零法。在某一特定时刻，统一对计数器进行清零。属于软件层面的同步，设备内部的时钟并没改变。如：在秒脉冲到达的时刻将秒以下的计数器清零。

（2）移相法。直接调整内部时钟的相位，使内部时钟的相位与参考时钟的相位同步，实现时间同步。

（3）频率微调法。通过调节内部时钟频率的快慢，最终达到内部时钟与参考时钟频率和相位的双同步，实现时间同步法。

1.1.5 时间同步技术发展历程

（1）卫星导航定位系统授时技术。卫星导航定位系统授时技术是指由美国国防部开发的全球定位系统（global positioning system，GPS），由一个低轨全球定位系统 GPS 道的军用导航卫星阵列组成，可以实时、连续地提供地球表面任一地点的位置、速度和时间的准确信息。GPS 主要由三个构成部分组成，分别为空间部分（卫星），控制部分（陆地监控）和用户部分（接收机）组成。其工作流程是首先通过陆地测控接收信息，反馈给卫星，再通过卫星传递给用户。GPS 起源于 1958 年美国军方的项目，提供实时、全天候和全球性的导航服务。该系统由 24 颗卫星组成，包括 21 颗工作星和 3 颗备用星，分布在 6 个近圆形轨道面上（每轨道面 4 颗卫星），轨道倾角为 55°，运行周期约为 11 小时 58 分。卫星的分布使得在全球任何地方，任何时间都可以观测到 4 颗以上的卫星，并能保持良好的定位解算精度，这就提供了在时间上连续的全球定位、导航能力。为了精密导航和测量的需要，GPS 建立了专用的时间系统（简写为 GPST），由 GPS 主控站的原子钟控制，每颗 GPS 卫星上也都安装有高精度的原子钟。GPST 属于原子时系统，其秒长与原子时相同，但与国际原子时具有不同的原点，所以 GPST 与国际原子时在任意时刻均有一个偏差常量（19s）。并且，规定 GPST 与协调世界时（UTC）的时刻于 1980 年 1 月 6 日 0 时相一致，其后随着时间的积累，两者之间的差别将表现为闰秒现象。GPS 系统具有性能好、精度高（民用授时精度优于 50ns）、应用广的特点，是迄今最好的导航定位系统，其应用领域已遍及国民经济各个部门，并日益深入人们的日常生活。

GPS 卫星的授时原理是对全球范围提供定时和定位功能。如果要实时完成定位和授时功能，需要 4 个参数：经度、纬度、高度和用户时钟与 GPS 主钟标准时间的时刻偏差，所以需要接受 4 颗卫星的位置。若用户已知自己的确切位置，那么接受 1 颗卫星的数据也可以完成定时。随着技术的不断改进，依次发明了北斗一代卫星导航系统，北斗二代卫星导航系统。就目前的应用现状来说，北斗一代卫星已经停用，为在过渡期保证北斗一代导航定位的正常使用，由北斗二代卫星同时模拟发送北斗一代卫星的导航报文。北斗二代卫星使用处于起步阶段，各个厂家的北斗二代接收模块才刚刚完成研发，还需要进行长时间的稳定性测试。

目前，电力系统中的时间同步处于"各自为政"的状态，要求对时的每套系统都会配置一套独立的时钟系统，通常选用美国的全球定位系统（GPS）接收器[4]，结果使电力企业、电厂、变电站的楼顶天线林立。由于处理方式、接口标准不统一，这些时间接收系统相互间不通用、无法互联，更不用说形成互为备用，而且整个系统的可靠性无法保证，过于依赖于 GPS。为了逐步实现全电网的统一时间，有必要在发电厂、变电站、控制中心、调度中心建立集中和统一的电力系统时间同步系统，而且要求该系统能基于不同的授时源建立时间同步并互为热备用。

（2）北斗卫星导航系统。北斗卫星导航系统是中国自主研发、独立运行的全球卫星定位与通信系统，与美国 GPS 系统、俄罗斯 GLONASS 系统、欧洲 GALILEO 系统并称为全球四大卫星导航系统。北斗卫星导航系统的建设按照"三步走"的发展战略稳步推进。首先，由两颗地球静止轨道卫星（80°E、140°E）、一颗在轨备份卫星（110.50°E）组成了第一代的"北斗一号"试验系统，使中国成为继美、俄之后世界上第三个拥有自主卫星导航系统的国家。但是，目前正在使用的"北斗一号"系统就性能来说，和美国 GPS 系统相比差距较大，其授时精度约为 100ns，覆盖范围仅限于我国及周边地区，而且由于北斗卫星位于赤道上方，因此在地面接收卫星信号时，要求天线的南向无遮挡，在实际使用中，高纬度地区的信号强度明显低于低纬度地区。二代北斗卫星导航系统"北斗二号"的建设从 2007 年开始启动，至 2012 年 10 月 25 日第 16 颗北斗导航卫星升空，我国北斗卫星导航工程的"第二步走"战略——区域组网工作顺利完成，形成由地球静止轨道（GEO）卫星、倾斜同步轨道（IGSO）卫星、中地球轨道（MEO）卫星所组成的多层次体系。北斗卫星导航系统自 2011 年 12 月起已开始试运行，并将于 2013 年进入正式运行阶段，向中国及亚太周边地区提供连续的导航定位和授时服务，其授时精度已达到 GPS 系统的水平。目前，我国已经发射 54 颗北斗导航卫星，距离北斗全球组网仅一"星"之遥，北斗导航系统服务区域已由中国及周边扩展到全球，实现向 100 多个国家提供服务，用户数量达到亿级以上水平。

（3）网络授时技术。网络时间协议（network time protocol，NTP）是互联网中进行时间同步的标准协议，NTP[3] 的用途是将计算机的本地时钟与互联网上的标准时间进行校对。NTP 参考的时间源来自 GPS 卫星等方式传送的时间消息，目前将世界协调时 UTC 作为标准时间，采用了服务器对客户端的传送结构，报文负载于 UDP/IP 协议，具备很高的扩展性和灵活性，NTP 的工作机制严格、有效、实用，能够适应于各种规模、连接方式、传送速度的网络环境。NTP 在校正当前时间的同时，还能持续观察时间的变化，因此当网络发生故障，NTP 也能对计算机进行自动调整，从而维持时间稳定。NTP 为目前最完善的时间协议。普通计算机或大型计算机和工作站的操作系统中通常含有 NTP 软件，客户段程序可在后台连续运行，更可以设置从多个服务器获取时间信息，通过筛选进一步提高时间精度，并且 NTP 具有使用的资源开销较少、保证网络安全等特点。以上的机制和特点使通过 NTP 进行时间同步的计算机能获得可靠和精确的时间信息，因此 NTP 已经成为公认的互联网中时间同步工具。

NTP 时间同步可分为广域网和局域网两种。由于报文传输上行和下行路由器路径不可能完全相同，因此会受到交换延迟、介质访问延迟、列队延迟等因素的影响，在广域网的授时精度通常在 50ms 内波动。国内通过 NTP 进行时间同步的个人与行业设备占据相当大的比重。对 NTP 服务器在实际应用中的性能分析有助于更好地提高授时质量，从而提高人们工作和生活的质量与效率。

（4）精密时间协议。PTP[6]（precision time protocol）由 IEEE1588 定义，对应的电力行业标准 IEC 61588，可以在 IPV4 UDP IPV4 UDP、IPV6 UDP IPV6 UDP、IEEE802.3/Ethernet IEEE802.3/Ethernet 等多种协议上传输。IEEE1588 授时系统组成包括：IEEE1588 主时钟，支持 IEEE1588 的交换机，支持 IEEE1588 的被授时设备。PTP 的时钟结构是主从钟模式，通过连续的交换 PTP 报文来得到主从时钟报文发送与接收时刻的时间戳，从时钟计算偏差与网络延迟，并纠正本地时钟达到主从时钟同步的目的。PTP 时钟系统属于自组织式管理。其通过最佳主时钟（best master clock，BMC）算法来确定每个 PTP 域内的主从时钟状态。PTP 主时钟周期性的向域内组播或单播发送包含有时间戳信息的报文进而来同步域内的从时钟。根据 2008 年发布的 IEEE1588 第二版标准，同步报文（synod）、跟随报文（follow gyp）用于产生 PTP 主时钟同步 PTP 普通时钟和边界时钟的同步时间信息。通告报文（announce）报文用于建立同步分层结构。

PTP 共有两种机制进行网络延时的处理。使用延迟请求响应机制计算网络延迟，则共需要 2 种报文，延迟请求报文（delay-eq）以及延迟应答报文（delay-esp）。如果使用 peer 延时机制，则需要用到端延迟请求报文（pdelay req）、端延迟应答报文（pdelay-esp）以及端延迟应答跟随报文（pdelay-esp-ollow gyp）（可选）。PTP 普通和边界时钟的端口可以利用其中的任何一种机制。透明时钟可以分为点对点（end to end，E2E）透明时钟和端到端（peer to peer，P2P）透明时钟。E2E 透明时钟独立于这两种机制。P2P 透明时钟使用 peer 延时机制。

PTP 普通时钟（ordinary clcok，OC）分为 PTP 主时钟与 PTP 从时钟两种类型，其中 PTP 主父时钟（grandmaster clock，GC）时钟是 PTP 主时钟的一个特例，其是整个时间同步网络的根节点，通过 GPS，BDS 或者其他形式获得 UTC 时间，然后提供参考时间给网络中的其他设备。PTP 普通时钟通过基于一个物理端口上的两个逻辑接口在网络上进行数据通信。事件接口用于发送和接收 PTP 事件报文，产生时间戳信息；而通用接口用于发送和接收 PTP 通用报文消息。PTP 普通时钟维护两种类型的数据集：时钟数据集与端口数据集。PTP 普通时钟的协议引擎负责：发送和接收 PTP 报文，维护数据集，执行与端口关联的状态机。而且当为 PTP 从时钟时，可以根据接收到的 PTP 时间消息和产生的时间戳计算本机时间。

PTP 边界时钟（boundary clcok，BC）通常会有多个物理端口，每个物理端口都有两个逻辑端口：事件和通用。边界时钟的每个端口与普通时钟基本一致。但是边界时钟所有的端口的时钟数据集是共用的，其共用一个本地时钟。每个端口的协议引擎会有额外的功能解析所有端口的状态，从而决定哪个端口用来提供时间信号来同步本地时钟。边界时钟在工作时只有一个端口与 PTP 主时钟相连，用于同步本地时钟，然后其他端口可以使用同步过后的本地时钟来同步下一级的 PTP 从时钟或者 PTP 边界时钟。

PTP 透明时钟（transparent clcok，TC）是 IEEE1588 标准在其版本 2 中新增的组件。透明时钟同边界时钟一样，也可以消除非对称时延以及降低网络抖动延迟。但是透明时钟没有主从状态，也不需要进行逐级同步。透明时钟本身不需要保持本地时钟，其只需要计算 PTP 事件报文经过其自身所用的时间。

1.1.6　时间同步产品简介

（1）ZH-502、ZH-503 时间同步系统。支持多时间源无缝切换，同步状态下输出信号抖动小于 30ns．自守时精度优于 1μs/h。

（2）ZH-550 时间同步系统测试仪。

1）双高速 AD 采样，可实时显示被测信号波形。

2）测量时间分辨率 5ns。

3）支持 100M/1000M 光、电网口 PTP 测试。

4）内置铷原子钟，自守时性能 1μs/天。

5）支持测量结果连续记录。

（3）ZH-503A 时间同步系统。

1）支持 GPS、北斗、B 码、PTP、E1 多时间源，具备时间源防跳变功能。

2）支持输出插件状态监测。

3）支持主钟、从钟报文双向传递。

4）支持 4 路 PTP、2 路 NTP（MMS）。

5）PTP 支持主时钟、从时钟和边界时钟模式。

6）支持各路信号延迟补偿功能，保证各路输出时间同步。

7）支持 104 规约、IEC61850 规约状态上传，时间精度优于 100ns，自守时精度优于 1μs/h。

1.2　同步时钟概念

根据各类电力自动化设备（系统）对时间同步精度要求的不同，确保电力自动化设备（系统）安全稳定可靠地对电力系统实施控制，保证电力系统运行，考虑到时钟源的互为备用、战时备用等因素，电力系统的同步时钟不能只选 1 个或同一时钟源，应至少选择 2 个不同的时钟源。《电力系统时间同步技术规范》给出了指导性意见。《电力系统时间同步技术规范》指出电力系统同步时钟体系结构，由时钟源、时间同步信号接收器、频率源、主时钟、二级钟组成。

1.2.1　时钟源

时钟源提供标准时钟信号。其中：无线授时系统有欧洲伽利略（Galileo）导航系统、中国北斗导航系统、俄罗斯全球导航卫星系统（GLONASS）等卫星定位、导航、授时系统，以及长波授时系统（BPL）、短波授时系统（BPM）等，而目前广泛应用的时钟源是美国的GPS；有线授时系统，例如通信网络授时系统，它以网络或专线作为载体。通常，授时时钟源会修正延时到用户端的时间信号接收单元。不同时钟源的授时精度不同，例如，GPS授时精度达到6～12ns，基于网络的对时系统授时精度为50μs，中国北斗导航系统授时精度为20～100ns，BPL授时精度为1μs，BPM授时精度为1ms。从测量角度分析，被校验系统的溯源要求比其自身的精度至少高1个数量级，因此，子站授时系统时间同步需要选择授时精度达到100ns的时钟源，主站授时系统时间同步需要选择授时精度达到100ms的时钟源。

时钟源[2]为时间同步系统提供时间基准信号。时间同步装置接收时钟源的时间基准信号，将本地时钟牵引至跟踪锁定状态，并补偿传输延时，受控输出与时钟源同步的时间同步信号和时间信息，为电力系统相关设备和系统提供授时服务。时钟源的种类很多，大致可分为无线时钟源、有线时钟源两大类。其中，无线授时系统包括短波授时系统（BPM）、长波授时系统（BPL）、低频时码授时系统、卫星授时系统等。现有及研发中的卫星授时系统主要有美国全球定位系统（GPS）、中国北斗卫星导航系统、俄罗斯全球导航卫星系统（GLONASS）、欧洲伽利略导航系统（GALILEO）等。有线时钟源主要以网络或专线作为载体，传递时间基准信号。这里，几种常见的时钟源分别是GPS系统、北斗系统、有线时钟源等。

这里我们详细介绍一下有线时钟源：DL/T 1100.1《电力系统的时间同步系统　第1部分：技术规范》给出了时间同步网的设计思路和组成结构图，在满足技术要求的条件下，电力系统网内的时间同步系统可通过通信网络接收上一级时间同步系统发出的有线时间基准信号，也能对下一级时间同步系统提供有线时间基准信号，从而实现全网范围内相关设备的时间同步。时间同步网的建设，需要以国家级或省级的一级时间服务器作为基准时钟源，将下属的发电厂、变电站、控制中心、调度中心通过地面有线通信传输网络相连接，采用统一的授时协议，将一级时钟源的时间基准信号传送至各个授时子系统，从而克服以往各地区时间同步系统独立接收授时信号，"各自为政"的状态，实现全网的时间同步。目前，电力系统拥有较为成熟的SDH通信网络。部分地区在此网络上开展了相关的试验工程，采用专有协议或PTP over SDH的方式，以克服网络交换和线路延时对长距离授时精度的影响，实现时间信号的有效传输。在时间同步系统的接收端，设置有E1通信接口，接收地面有线授时信号。

1.2.2　时间同步信号接收器

时间同步信号接收器用来接收时钟源信号，经处理后为主时钟提供初始时间信号。基于无线授时的信号处理方法，是将载波扩频信号解码成时间及其相关信息，包括空间（经度、纬度、海拔）、接收卫星颗数等，其中BPL和BPM只有时间信息传送给时钟信号接收单元的处理器；基于有线授时的信号处理方法，是将传输的时间报文直接解包，然后读出根据数据传输进行延时补偿。

1.2.3　频率源

频率源又称频标，提供稳定的频率信号，作为时间同步信号接收器失效时的守时脉冲信号源。对于守时精度要求高以及重要的应用场合，可以选用原子频标（如铯原子频标、铷原子频标）、恒温晶振；对于一般应用场合，可以选用普通晶振。

1.2.4　主时钟

主时钟也称分频钟，用来接收时间同步信号接收器的时间、秒脉冲（1PPS）信号以及频率源的频率脉冲，并将时间信号分配成多路信号，或直接分配给应用系统或装置，或分配给二级钟。主时钟需要采取必要的补偿算法，以保证出口精度。主时钟要求配置 2 路不同的时间同步信号接收器，以接收来自不同时钟源的时间信号，只要其中任何一路时钟源正常，都可以完成授时功能。

1.2.5　二级钟

二级钟用来接收主时钟的时间和脉冲信号，提供多路不同方式的时间同步信号输出。二级钟配置必要的守时元件（如原子频标、晶振），以确保在主时钟失效状态下能够保持一定时间长度的授时精度。二级钟要求配置 2 路主时钟输入，可以实现主备方式配置的主时钟输入。为确保授时精度，二级钟与主时钟之间采用光纤连接，传输内容可以有 2 种方式：IRIG（inter range instrumentation group）2B 码；1PPS+时间报文。二级钟与主时钟之间的传输距离需要进行算法补偿，以确保时间同步，保证二级时钟出口精度，补偿算法将另文介绍。

1.3　时间同步系统

时间同步系统（time synchronization system）指能接收外部时间基准信号，并按照要求的时间准确度向外输出时间同步信号和时间信息的系统。时间同步系统通常由主时钟、若干从时钟、时间信号传输介质组成，安装在调度中心和厂站的二次设备室内。

1.3.1　电网时间同步系统结构

在区域电网公司中心机房设立基准主时钟（GPS+铷钟），作为整个区域电网的时间基准；主时钟采用冗余配置，输入两路 GPS，同时预留一路接收上级时间网提供的同步信号，要求能根据上级时间网的传输模式选择不同的输入功能模块。

在省级电网公司中心机房设立基准主时钟（GPS+铷钟），作为整个省级电网的时间基准；主时钟采用冗余配置，输入两路 GPS，同时预留一路接收上级时间网提供的同步信号，要求能根据上级时间网的传输模式选择不同的输入功能模块。

在各市供电公司设立主时钟（GPS+铷钟），作为各市 330kV 及以上变电站、直收发电厂的时间基准。主时钟采用冗余配置，输入两路 GPS，一路 DCLS（省调基准主时钟时间信号），GPS 和 DCLS 输入可设置主、备用。

在各县供电公司设立主时钟（GPS），主时钟输入一路 GPS，一路 DCLS（市调主时钟时间信号），GPS 和 DCLS 两路输入可设置主、备用。

电网时间同步系统具体结构见图 1-4。通过建设全网时间同步系统集中监测系尽对各同步系统的运行状态进行集中管，达到加强运行管理的效果。

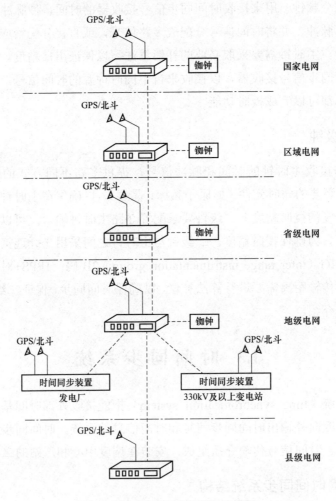

图 1-4　电网时间同步系统结构图

1.3.2　电力系统对时间同步的需求

随着电力系统的快速发展，对时间同步的要求日益迫切，需要更准确、安全、可靠的时钟源为电力系统各类运行设备提供精确的时间基准。时间同步的根本目的是为我国电网的各级调度机构、发电厂、变电站集控中心等提供统一的时间基准，以满足各种系统（例如调度自动化系统、能量管理系统、生产信息管理系统、监控系统）和设备［例如继电保护装置、智能电子设备、事件顺序记录（SOE）、厂站自动控制设备、安全稳定控制装置、故障录波器］对时间同步的要求，确保实时数据采集时间一致性，提高线路故障测距、相量和功角动态监测、机组和电网参数校验的准确性，从而提高电网事故分析和稳定控制的水平，提高电网运行效率和可靠性，适应我国大电网互联、特高压输电的发展需要，同时也规范了时间同步系统[1]与被授时设备或系统的互联、不同厂家时间同步装置间的互联以及时间同步系统组网和运行模式。随着数字电网建设的加快，一些新型的实时监测控制系统，如电网预防控制在线预测系统（OPS）、广域测量系统（WAMS）、广域监测分析保护控制系统（WARMA P）等，对时间同步的需求更为迫切。电力自动化设备（系统）对时间同步精度有不同的等级要求，而不是通常所理解的精度越高越好，对时精度的提高需要付出相应的代价，因此，没有必要盲目追求高精度，原则是满足被授时设备本身的最小分辨率即可。工作组组织专家调研后，将电力系统被授时装置对时间同步准确度的要求大致分为4类。

（1）时间同步准确度不大于 1μs：包括线路行波故障测距装置、同步相量测量装置、雷电定位系统、电子式互感器的合并单元等。

（2）时间同步准确度不大于 1ms：包括故障录波器、SOE 装置、电气测控单元/远程终端装置（RTU）/保护测控一体化装置等。

（3）时间同步准确度不大于 10ms：包括微机保护装置安全自动装置、馈线终端装置（F TU）、变压器终端装置（TTU）、配电网自动化系统等。

（4）时间同步准确度不大于 1s：包括电能量采集装置、负荷/用电监控终端装置、电气设备在线状态检测终端装置或自动记录仪、控制/调度中心数字显示时钟、火电厂和水电厂以及变电站计算机监控系统、监控与数据采集（SCADA）/EMS、电能量计费系统（PBS）、继电保护及保障信息管理系统主站、电力市场技术支持系统等主站、负荷监控/用电管理系统主站、配电网自动化/管理系统主站、调度管理信息系统（DMIS）、企业管理信息系统（MIS）等。

1.3.3　时间同步系统主要信号接口

（1）TTL 电平。以 2.4～5V 为高电平，以小于 0.4V 为低电平，用于输出 1PPS、IRIG-B 码。

（2）RS-232。以–15～–5V 为逻辑正"1"，以 5V～15V 为逻辑负"0"，用于输出串口报文。

（3）RS-422/485。差分接口，两线之间的电压差 2～6V 为高电平，逻辑正"1"；两线之间的电压差–6～–2V 为低电平，逻辑负"0"用于输出，输出 1PPS、IRIG-BB 码、串口报文。

（4）光纤（ST、SC）亮对应高电平，灭对应低电平，用于输出 1PPS、IRIG-B 码、串口报文。

（5）静态空接点。闭合对应 TTL 电平的高电平，打开对应 TTL 电平的低电平，用于输出 1PPS。

（6）10M/100M/1000M 网口（ST、LC、RJ45），用于 NTP、PTP 网络报文的收发。

（7）E1 接口（BNC、RJ48），用于收发 E1 信号（使用较少）。

1.4　电力自动化设备（系统）对时方式

电力自动化设备（系统）可以选用的对时方式有以下四种：脉冲对时、串口报文对时、时间编码方式对时、网络方式对时。

1.4.1　脉冲对时

脉冲对时也称硬对时，是利用脉冲的准时沿（上升沿或下降沿）来校准被授时设备。常用的脉冲对时信号有 1PPS 和分脉冲（1PPM），有些情况下也会用时脉冲（1PPH），其中 1PPM 和 1PPH 也可以通过累计 1PPS 得到。脉冲对时信号分为有源脉冲和无源接点。有源脉冲电源由授时设备提供，电压等级常用的有 TTL 电平（+5V）、24V 电平和差分电平（±5V）；无源接点等效于开关，准时闭合/断开，被授时设备自身提供电源，通过无源接点转换为有源脉冲。实际应用中常用无源接点，因而授时设备与被授时设备之间不需要约定电压等级。

1.4.2　串口报文对时

串口报文对时也称软对时，是利用一组时间数据（年、月、日、时、分、秒）按一定的格式（速率和顺序等），通过串行通信接口发送给被授时装置，被授时装置利用这组数据预置其内部时钟。常用的串行通信接口为 RS-2232 和 RS-2422/RS-2485。串口报文对时的优点是数据全面、不需要人工预置；缺点是授时精度低、报文的格式需要授时和被授时装置双方约定。目前，很多场合采用以上 2 种方式的组合方式，从而可以充分利用两者的优点，克服两者的缺点。

1.4.3　时间编码方式对时

为了解决前 2 种对时方式的矛盾，在实际应用中常采取 2 种对时方式结合的方法，即串口+脉冲。这种方式的缺点是需要传送 2 个信号。为了更好地解决这个矛盾，采用国际通用时间格式码，将脉冲对时的准时沿和串口报文对时的那组时间数据结合在一起，构成一个脉冲串，来传输时间信息。被授时设备可以从这个脉冲串中解析出准时沿和一组时间数据。这就是目前常用的 IRIG-2B 码，简称 B 码。B 码分为调制 B 码（也称交流 B 码）和非调制 B 码（也称直流 B 码）。交流 B 码调制在正弦波信号上，其包络线是直流 B 码。交流 B 码是模拟量，由授时设备直接传送给被授时设备。直流 B 码可以直接传送给被授时设备，电压等级常用 TTL 电平（+5V），用 IRIG-2B DC-TTL 表示。直流 B 码还可以通过串行通信接口发送给被授时装置，用 IRIG-2B DC-232 和 IRIG-2B DC-422 表示。时间编码方式对时的优点是数据全面、对时精度高、不需要人工预置；缺点是编码相对复杂。

1.4.4 网络方式对时

网络方式对时基于网络时间协议（NTP）精确时间协议（PTP）目前，简单网络时间协议（SN TP）应用较多。网络时钟传输的是以 1900 年 1 月 1 日 0 时 0 分 0 秒算起时间戳的用户数据协议（UDP）报文，用 64 位表示，前 32 位为秒，后 32 位为秒等分数。网络中报文往返时间是可以估算的，因而采用补偿算法可以达到精确对时的目的。网络授时方式可以为接入网络的任何系统提供对时，其中 NTP 授时精度可达到 50ms，PTP 授时精度可达到 1μs SN TP 授时精度可达到 1s。网络方式对时的优点是基于现有网络、物理实现方便；缺点是高精度补偿算法复杂。上述 4 种授时方式各有优点。实际应用中，在满足同步精度要求的前提下，考虑到经济性，采用组合方式授时，即在一套运行管理系统中并存多种方式，可以充分应用授时时钟能够提供的信息。

2

时间同步系统

2.1 时间同步系统概念与系统组成

2.1.1 时间同步系统概念

时间同步系统是一种能接收外部时间基准信号，并按照要求的时间精度向外输出时间同步信号和时间信息的系统。它能使网络内其他时钟对准并同步，通俗来说时间同步就是采取技术措施对网络内时钟实施高精度"对表"。时间同步广泛应用于各类信息系统，尤其是对时间敏感的复杂信息系统中。以电力系统智能变电站为例，各类装置需要时间同步，以保证各类装置动作顺序正确且适应电信号以光速运行的环境条件，如果时间不同步，严重情况下有可能将造成系统瘫痪。而实现时间同步系统的基础是建立时间同步协议和完成技术实现。随着现代技术的高速发展，人们的生活和工作节奏越来越快，时间同步的应用也越来越广泛，保证大容量的信息高速准确的传递，对时间同步系统的精确度要求也越来越高。此外，同步在许多领域都很重要，如在金融交易中一般遵循"价格优先、时间优先"的交易规则；在通信系统中用户计费与时间几乎完全挂钩；在大型分布式商业数据库中需要准确记录客户的交易信息，上述各类现象与高精度时间同步紧密相关密切联系，要求高精度时间同步技术高。

2.1.2 时间同步系统的组成

时间同步系统有多种组成形式，其最经典的组成方式有基本式、主从式和主备式三种。

基本式时间同步系统由一台主时钟和信号传输介质组成，用以为被授时设备或系统对时，主从式时间同步系统由一台主时钟、多台从时钟和信号传输介质组成，分别用以为被授时设备或系统对时，分别见图 2-1 与图 2-2。

各级调度机构应配置一套时间同步系统，时间同步系统宜采用主备式。主备式时间同步系统由两台主时钟、多台从时钟和信号传输介质组成，为被授时设备或系统授时，见图 2-3。

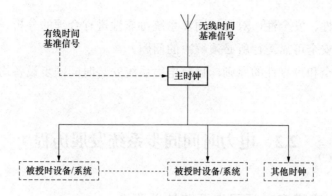

图 2-1　基本式时间同步系统的组成

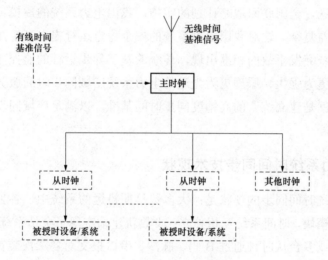

图 2-2　主从式时间同步系统的组成

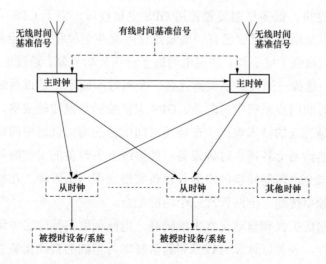

图 2-3　主备式时间同步系统的组成

时间同步系统作为智能变电站的一个重要组成成分，提高智能变电站时间同步系统的可靠性、稳定性、安全性，对时间同步系统可靠性进行合理的分析、评估、评价，是实现智能变电站安全可靠运行所必须解决的问题。

按照运行安全和可靠性的原则，目前电力系统安装时间同步设备均采用主备式组网方式。

2.2 电力时间同步系统发展历程

2.2.1 建立高精度时间同步系统的必要性

随着西电东送，全国联网战略计划的实施，我国电力系统的规模日益扩大，电网结构和运行方式日益复杂。这对我国电力系统的安全稳定运行提出了更高的要求。由于世界范围内电力系统突发事故的相继出现，传统的基于异步运行的监控方式受到了置疑。因此，寻找功能更为强大、原理更为先进的电力系统广域同步时间服务系统是十分必要的。其主要目的就是建立统一的高精度同步时间基准，以满足广域同步时间服务系统对同步时钟的要求。

2.2.2 电力系统时间同步技术现状

目前电力系统时间同步的现状是：大多数早期投运的系统中，各独立装置或系统各自有独立的授时模块，时间系统互相独立；少数新建站实现了全站系统对时，集中对时，站内一台主时钟或多台从时钟通过 B 码、脉冲、串口报文对各二次装置对时，或通过网络对时；基于广域网系统的省级电力全网时间同步系统还处于试验阶段，很少应用。从授时信号源的角度讲，很多早期装置使用 GPS 卫星授时，由于 GPS 卫星由美国军方控制，具有一定的安全隐患；目前已有一些装置使用北斗卫星和 GPS 卫星同时授时，互为补充，一定程度上增强了可靠性；使用电网原子钟作为信号源，通过地面链路传输时间，实现北斗、GPS、地面三源授时、天地互备，全网时间同步，是以后时间同步的发展方向。在电力全网时间同步系统中，北斗、GPS 卫星授时技术比较成熟，通过地面链路精确传输时间基准是目前的技术难点，在传输时间信号的地面链路中同时把上层高级别的频率信号依次传输给网上各同步时钟设备，能够统一各设备的工作时钟，提高时间同步精度。同时对构成全网时间同步网络的各设备实现远程网络管理、在线时间精度监测，达到时间同步、频率传递、全网管理三个功能融合。

随着电网规模的扩大和自动化水平的提高，电网调度实行分层多级管理，为保证电网安全和经济运行，各种以计算机技术和通信技术为基础的自动化装置被广泛应用，不仅变电站、发电厂和调度中心内部众多与时间有密切关系的自动化设备和数字化控制系统对统一、精确授时的依赖程度越来越高，而且电网内对发生事件的记录，如电网故障时刻的确认、事件记录和告警时间的准确统一等对时间精度的要求越来越高。建设统一时间同步网，既可实现全网各系统在统一时间基准下的运行监控，也可以通过各开关动作的先后顺序来分析事故的原因及发展过程。

2.2.3 GPS 导航系统的发展

目前，电力系统中的时钟主要采用 GPS 信号接收单元、并以 GPS 信号为主的外部时间基准。实践证明，GPS 由于自身的问题，已经不能满足电力系统对精确时间同步系统的要求。当前的电力系统时间同步性很差，制约了电力系统综合性能的提高。迫切需要新的时间同步方式来解决现代电力系统的时间同步问题。为此，提出全网时间同步方案，采用北斗/GPS 互为备用作为电网的时钟源，给出全网时间同步框架以及 IEEE1588 时间协议的具体应用。该方案不仅可以在很大程度上保证全网时间同步质量，而且大大提高了电网运行的安全性和可靠性。GPS 起始于 1958 年美国军方的一个项目，1964 年投入使用。20 世纪 70 年代，美国陆海空三军联合研制了新一代卫星定位系统 GPS，主要用于为陆海空三大领域提供实时、全天候和全球性的导航服务，并进行情报收集、核爆监测和应急通信等军事活动。经过 20 余年的研究与试验，到 1994 年，全球覆盖率高达 98%的 24 颗 GPS 卫星星座已布设完成，21 颗工作星和 3 颗备用星工作在互成 30°的 6 条轨道上。各站 GPS 时间系统非常分散、庞大，现场维护困难，而且 GPS 受美国控制，采用 SA 政策，从来没有承诺过服务质量。要控制任何区域、任意时段的 GPS 信号而不影响自己和盟友的正常使用，其自主性和可靠性都得不到很好的保证。如果大规模地采用 GPS，一旦发生危机或战争威胁将对中国电网构成严重的安全隐患。因此，单一 GPS 授时方式时间同步方法不适合在中国普遍推广。

2.2.4 北斗卫星导航系统的发展

2000 年 10 月 31 日发射第一颗北斗导航试验卫星。

2012 年 4 月 30 日 4 时 50 分，我国在西昌卫星发射中心用"长征三号乙"运载火箭，成功发射两颗北斗导航卫星，分别是北斗卫星导航系统的第 12 和 13 颗组网卫星，这是我国北斗卫星导航系统首次采用"一箭双星"方式发射导航卫星，且是同时发射两颗地球中高轨道卫星。我国还将陆续发射 3 颗北斗导航组网卫星，进一步提升系统服务性能，扩大服务区域。按照北斗卫星导航系统"三步走"发展战略，到 2020 年，我国将建成由 30 余颗卫星组成的北斗卫星导航系统，提供覆盖全球的高精度、高可靠性的定位、导航和授时服务。

近年来，电力对国民经济发展的影响日益增大电力的安全生产已经上升到了一定的高度。北斗系统完全由我国自主开发和运行，因此，基于北斗的时间 同步技术在电力系统应用中的安全性和可靠性得以保证，授时精度达到 50ns，已优于目前 GPS 时间同步技术所能达到的授时精度，具备了取代 GPS 时间同步技术的能力。

2.2.5 电力系统时间同步系统存在的问题

目前厂站的时钟设备的同步状态及对时精度尚缺乏必要的检测措施及手段；厂站的时钟设备与被对时设备间采用开环的模式，生产维护人员无法掌握站内被对时设备的对时状态及对时精度。这些问题导致在涉及多个电网节点故障的事故后分析时暴露出站内及站间保护、后台等事件记录时间不一致的问题，这不仅会影响对事故的全面、客观、准确分析，而且还影响分析结果的准确性。

为解决厂站的时钟同步在线监视的短板，国家电网公司发布了技术要求，从低建设成本、低管理成本、低技术风险的角度出发，利用 SNTP 乒乓原理和分层管理的模式，通过软件的方式实现了调度端到厂站端的各种自动化设备的对时状态和对时精度的监控。

与常规变电站相比，智能变电站的结构体系存在巨大的差异。智能变电站的二次系统通常包含电子式互感器、合并单元、交换机、保护、测控等设备，互感器、保护以及断路器之间复杂的电缆硬导线连接被光纤所代替。保护测控等设备的电流电压采样值输入也由模拟信号转变为数字信号输入，保护测控设备的模拟信号采样由装置内实现变为各合并单元实现，这些变化对智能变电站的时钟同步系统提出了更高的要求。

GPS 技术规范中要求 GPS 时间同步系统具备可靠、可维护性、安全性但是实际情况并不良好，故障率很高。所以必须加强对 GPS 装置的质量控制，严格执行入网许可的管理，并对厂家的维护和售后服务提出更高的要求。

GPS 技术规范对 IRIG-B 时码帧结构中所包含的年月日时分秒信息做出明确的规定，但运行中发现部分 GPS 系统在对 IRIG-B 时码上完整性存在差异，如武汉中元 GPS 运行中有日期走前 1 天的现象。对闰年的处理也出现问题，2010 年，上海泰 MODEL3650-140A 型和坦深圳双合 2006C 型主时钟的 GPS 与主控板之间采用的是 16 进制的算法，在进行十进制转换时出现误差，将 2010 年误判为闰年，导致提供给扩展时钟的"天数"多了一天，造成日期的错误。站内装置能否实现时间同步，不仅与 GPS 装置本身发出的 IRIG-B 时码的完整性相关，而且与综合自动化系统能否正确处理 IRIG-B 时码的所有对时信息是密不可分的。部分综自厂家要么不能正确解释 IRIG-B 时码信息，造成装置不能正常对时；要么是断章取义，解释 IRIG-B 时码信息，只取时月、日、分、秒信息，而年信息则是通过总控装置下发对时广播报文完成对时，若站内总控装置不能正常接受 GPS 装置的 IRIG-B 时码，则会影响站内 SOE 信息的时间的正确性，造成年份不正确的现象。

在南方地区，雷雨等极端恶劣天气频繁发生，GPS 时钟天线遭受雷击的可能性极大，在运行维护工作中发现 GPS 时钟天线故障非常严重。主要原因是变电站的 GPS 天线安装不规范，主要表现为 GPS 天线安装位置过高，或接近建筑物的防雷带，且未做相应的防雷保护，因此经常出现雷击损坏 GPS 天线的现象，进而导致 GPS 时间同步功能失效。

所以，安装时要做到以下要求：

（1）GPS 接收天线安装位置应能正常接收卫星信号并便于日后的运行维护。有些变电站安装在大楼的最高处，维护起来需要攀高，而且没有围栏，对设备维护人员是一个非常严重的危险点。

（2）GPS 天线安装应采用金属支架固定，固定支架应接地。不能随意依附在建筑物上，尤其是不能依附在防雷设施上。设备维护人员验收时必须注意这些情况，及时提出整改。

（3）接收天线安装位置应充分考虑雷击对接收系统的影响。当天线安装位置位于建筑物防雷带内部时，与建筑物防雷带的水平距离应大于 2m；当安装位置位于建筑物防雷带外部时，应低于建筑物防雷带 2m。

（4）天线与主时钟间加装防雷设备，防止雷击高压通过天线传导到主时钟。GPS 时钟天线安装在大楼的楼顶，日晒雨淋，运行环境恶劣，长时间运行后损坏是不可避免的，所以需要考虑措施，以方便快速更换天线。现在的天线和天线头为一体化设计，天线电缆长度是根据天线增益严格设计的，不得剪断、延长、缩短或加装接头，否则将严重影响接收效果甚至收不到信号。为了方便维护人员快速更换，恢复正常的对时功能。

2.3　时间同步装置结构与功能

2.3.1　电力自动化系统及时间同步装置

变电站自动化系统是应用控制技术、信息处理技术和通信技术，利用计算机软件和硬件系统或自动装置代替人工进行各种运行作业，提高变电站运行、管理水平的一种自动化系统。变电站自动化系统以计算机和网络技术为依托，面向变电站通盘设计，用分散、分层、分布式结构实现面向对象的设计思想，是确保电网安全、优质、经济地发供电，提高电网运行管理和电能质量水平的重要手段。随着计算机通信技术的不断发展，变电站综合自动化技术也得到迅速发展，有许多新概念、新原理设计的变电站自动化系统投入运行，特别是电力时钟同步系统的大面积使用，成为我国电力工业技术进步的重要标志，也是电网发展的趋势。电力系统安全稳定运行离不开各种自动控制设备，因此为自动控制设备提供参考时间的时间同步装置得到广泛应用，而且由早期分散独立的 GPS 对时装置发展到目前的冗余配置的全站统一对时系统，更先进的还有局部区域组成时间同步网。电网时间的偏差，对电力系统内的相位比较、故障记录、事件顺序排查等工作造成严重威胁。时间同步装置为调度机构、变电站、发电厂内的被授时设备提供高精度时间信号。在使用中，时间同步装置普遍性地暴露了以下问题：如由于卫星系统受到天气、外部干扰等因素干扰；同步装置未能正确识别故障而错误跟随；由于多时间源切换过程中各厂家时间源切换策略不相同，导致切换的结果也不同，致使输出时间不一致，造成导致设备工作异常的现象；在守时阶段以及时间源切换过程中同步装置的输出摆幅过大导致合并单元、同步向量装置等重采样误差过大等。因此时间同步装置在外部时源发生变化时能有效切换，并保持自身的输出稳定性、守时稳定性等都是时间同步装置所要必须克服的关键问题。

在电力行业应用中，我们主要以 SYN4505A 型作为时间同步系统的主时钟，可接收北斗 GPS 满足与电力行业标准中提到的天基授时，且可选择卫星接收模式，如单北斗，单 GPS，北斗 GPS 双模的三种模式，现在最常用的是选择以北斗信号为主参考，GPS 信号为辅的天基授时模式。

同时，可接收至少 2 路外部有线基准时间信号，满足与电力行业标准中提到的地基授时。目前最常用的有线基准时间信号为 IRIG-B（DC）、PTP、NTP 等外部时间标准信号。卫星和有线信号的两种时间源方式的结合，建立了一套安全有效准确的天地互备的时间同步系统。

时间同步装置选用高精度授时型 GPS 接收机、大规模集成电路设计，提供高精度 NTP 网络时间信号，从 GPS 地球同步卫星上获取标准时钟信号信息，将这些信息通过 TCP/IP 网络传输，同时可提供高可靠性、高冗余度的时间基准信号，可为国防、电力、电信、广电等关键部门系统提供可靠的频率基准信号。

NTP 协议全称网络时间协议（network time protocol）它的目的是在国际互联网上传递统一、标准的时间。具体的实现方案是在网络上指定个授时设备，为网络中的计算机提供授时服务，通过这个时钟源产品可以使网络中的众多电脑和网络设备都保持时间同步。

2.3.2 时间同步装置的基本组成

时间同步装置的基本组成包括接收单元、时钟单元和输出单元，如图 2-4 所示。

图 2-4 时间同步装置结构

根据时间同步装置所要实现 的功能目标以及性能要求，将装置划分成了不同的模块，包括接收模块、时钟模块、编码模块、解码模块以及 TTL、RS-232、光纤等输出模块。接收模块将会接收外部时间源发送的时间基准信号，在经过时钟模块的处理后，通过自定义总线，将输出的各种时间信息传输到 TTL、光纤等输出模块。

接收单元包括北斗模块、GPS 模块以及 IRIG-B 编码模块. 北斗和 GPS 模块输出同步时间信息，互为备用，IRIG-B 编码模块产生电力系统下级设备需要的 IRIG-B 码。时钟单元包括自守时控制、高性能晶振以及 PLL 锁相环，PLL 锁相环是由数字鉴频鉴相器、压控振荡器以及 VCO 组成的反馈回路，通过压控振荡器控制电压来调节 VCO 产生的脉冲信号与接收单元输出的秒脉冲信号相位一致，达到锁相守时的作用输出单元包括串口报文输出、秒脉冲输出以及 IRIG-B 解码，如图 2-5 所示。

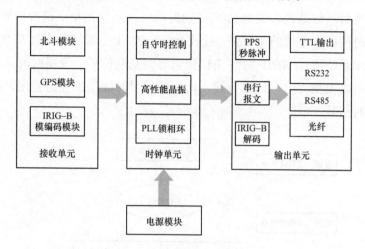

图 2-5 时间同步装置组成

电力系统同步时钟可灵活配置，提供多种授时应用。授时信号包括脉冲、串行授时报文、IRIG-B（直流、交流 B 码）、DCF77、网络授时等；授时接口类型包括光纤、RS-232 电平、RS-485 电平、空接点和网口等。系统主要应用于以调度自动化系统为中心的主站系统，以电站监控（包括发电厂、变电站、开关站等）为主的子站系统，为其提供高可靠性和高精度的时间信息。主站系统通常由分布在网公司、省（自治区、直辖市）公司、市（地）公司、县公司的多级系统组成，所管理的电压等级、范围和用户不同，因此各司其职，完成综合管理功能。主站系统通过电力调度运行管理网络互联成为大型 MIS，由于应用系统间信息交换的需要，系统之间是互联的，所以接入的计算机数量大。主站系统主要包括电能量采集装置、负荷/用电监控终端装置、电气设备在线状态检测或自动记录仪、控制/调度中心数字显示时钟、火电厂和水电厂等及变电站计算机监控系统、监控与数据采集（SCADA）/EMS、电能计费系统（PBS）、继电保护及保障信息管理系统、电力市场技术支持系统、负荷监控/用电管理系统、配电自动化管理系统、调度管理信息系统（DMIS）、企业管理系统（MIS）等。这些管理系统对时间精度的要求为秒级，授时精度达到 $100\mu s$ 即可。各级时间同步系统采用北斗/GPS 卫星和来自上级地面链路的地面时间基准，卫星和地面时间基准源有效融合，都统一到 UTC 时（北京时）。所有时间同步系统都采用卫星授时的同步精度优于 $100ns$，采用地面传输时间基准时的同步精度达 $1\mu s$。各级时间同步系统（见图 2-6）由主时钟、扩展时钟组成，为主备模式。

省调一级时间同步系统为各地调、厂站提供高精度的时间基准；同时设置省网时间同步系统监控中心。省调时间同步系统的主时钟主备互用，同时接收北斗、GPS 信号，铷钟配置，预留接收来自国调地面时间基准的接口。省调与地调、厂站时间同步系统之间，通过基于 SDH 网络 E1 业务通道（或 PTP 接口）、承载 PTP 高精度时间信息，自动修正传输时延误差，为所辖的地调和厂站提供统一的地面时间基准。省调时间同步系统监控中心，实现对所辖地调、变电站/电厂的时间同步系统的集中监控与管理。

地调二级时间同步系统的主时钟，接收北斗/GPS 卫星系统的时间基准，接收来自省调一级时间同步系统通过 SDH 网络 E1 传输时间基准信号，卫星时间基准和地面时间基准有效融合，以卫星为主、地面为辅，地面和卫星时间基准互为备用，提供时间同步所需的各类授时信号。

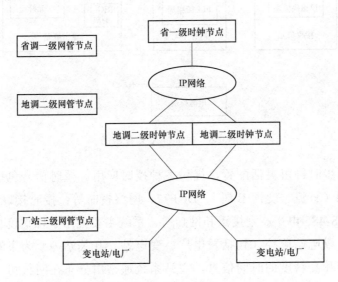

图 2-6　时间同步系统

按照业务可将电力系统被授时装置分为三类，第一类为保护设备，主要用于保户变压器、线路、断路器等重要装置；第二类为自动化设备，主要用于提高对设备孟行情况的监视、测量、控制和协调水平；第三类为显示时钟、电子挂钟等其他设备。其中，自动化装置、继电保护装置及其他装置对时间精度的要求分别如表 2-1～表 2-3 所示。

表 2-1　　　　　　　　　　　　继电保护装置对时间同步精度

精度类别	装置/系统类别	时间精度要求
高精度	线路行波故障测距装置	优于 1μs
普通精度	事件顺序记录装置	优于 1ms
	安全自动装置	优于 1ms
	微机保护装置	优于 10ms
	配电网终端装置	优于 10ms
	继电保护管理子站	优于 1s

表 2-2	自动化装置对时间同步精度	
精度类别	装置/系统类别	时间精度要求
高精度	同步相量测量装置	优于 1μs
	合并单元	优于 1μs
普通精度	电气测控单元/远方终端/远护测控一体化装置	优于 1ms
	RTU/远动工作站	优于 1ms

表 2-3	其他装置对时间同步精度	
精度类别	装置/系统类别	时间精度要求
高精度	雷电定位系统	优于 1μs
普通精度	配电网自动化系统（含保护和自动化装置）	优于 10ms
	无功电压自动投切装置	优于 10ms
	电能量采集装置	优于 1s
	负荷用电监控终端装置	优于 1s
	电气设备在线状态检测终端装置或自动记录仪	优于 1s
	变电站计算机监控系统主站	优于 1s
	电能量计费、保护信息管理、电力市场技术支持系统主站	优于 1s
	负荷监控用电管理系统主站	优于 1s
	配电网自动化詹理系统主站	优于 1s
	电子挂钟	优于 1s
	关口电能表	优于 1s
	图像监视系统	优于 1s
	分散控制系统（DCS）	优于 1s
	通信网网管系统	优于 1s

其中，继电保护装置共有七类，对时间精度的要求最高为 1μs，最低为 1s；自动装置共有四类，对时间精度的要求最高为 1μs，最低为 1ms；其他装置共有十四类，对时间精度的要求最高为 1μs，大多数装置或系统对时间精度的要求均为 1s。

2.4 时间同步技术常用通信接口

2.4.1 变电站内主要对时方式

（1）脉冲对时。时钟信号更新时，通过同轴电缆向设备发送秒脉冲或分脉冲信号。利用脉冲的准时沿（上升沿或下降沿）来作为校对时刻的标记。各个设备通过接收到的脉冲信号将自身的时钟时间校正到统一的基准时刻。

（2）串行时间报文。将时间数据利用约定好的报文格式进行封装，通过异步串行通信接口发送给装置，装置接收到报文后将报文解析出来。利用解析出来的数据修改其内部时钟的时间。串口报文对时的优点是数据丰富、稳定性强；缺点是授时精度低、传输距离短和报文的格式需要预先约定。

（3）IRIG-B 码。IRIG-B 是专为时钟信号传输制定的时钟编码。IRIG-B 码速率为100PPS、帧速率为 1 帧/s，一个帧周期包括 100 个码元。其每个码元长度均为 10ms。

IRIG-B 码对时缺点：①IRIG-B 码的通信需要不断发送脉冲信号，占据整个通信通道。B 码对于通信装置的稳定性要求较高，需要独立的接口和电缆。②IRIG-B 对时没有包含对时过程误差的校正算法对时精度完全依赖于硬件设备和网络状态。目前来看IRIG-B 码对时精度无法满足 IEC 61850 标准规定的微秒级同步精度。

2.4.2 当前时间同步技术存在的问题

（1）各厂家时间同步系统采用的设计不规范、硬件平台及守时技术等方面的指标存在差异，使得不同厂家的设备很难实现互操作。

（2）功能与电力系统要求不一致，系统结构设计与变电站实际要求不一致，不满足一机双星、主备互为备用的系统设计原则，不能满足电网使用的要求。

（3）设备容错、守时能力差，在授时源信号由于外部干扰发生跳变时，没有相应的机制防止设备输出时间发生跳变，不满足稳定性的要求。

2.4.3 IEC 61850 对时要求

为适应数字化变电站的不同需要，IEC 61850 标准定义了多个同步精度等级，给予不同功能类型的设备使用。由于用于保护和控制的标准 IED 设备产生的事件报文只需利用本地时钟信息标定发生时刻，其所描述的事件和操作也只涉及数字化变电站 IED 的控制与状态检测，报文所采集的数据并不反映整个区域电网和变电站稳定运行的状态 5。所以这类 IED 设备的同步精度要求相对较低，时间精度在 0.1ms 以内即可。但对于生成保护和控制类报文以及合并单元采集的互感器数据等信息，其时间分辨率最高要求达到了 1μs。由于此类 IED 所采集的数据通常都是来自电网和一次设备的实时数据，是描述了整个电力系统具体运行状态的基础数据 5。这些数据的准确性，决定着自动化系统对电网运行状态及电力设备异常状态的判定是否正确，是保护设备动作情况分析、电网运行稳定性分析以及故障状态分析的必要依据，是对变电站乃至整个电网的稳定运行都起着重要作用的基础数据 5。因此，变电站内时间同步的精度及其可靠性对于电力自动化系统是非常重要的。而传统的时间同步方式很难满足数字化变电站内数据采集装置（如合并单元等设备）的时间同步精度要求。

整个 IEC 61850 体系当中，所有逻辑设备都需要建立一个与其相对应的虚拟对象。

对系统中所有对象设计对外接口、数据类型、属性以及行为的过程称建模。对于时间同步系统来说，变电站内的每个 IED 设备都可以看作是一个"时钟"。每个在网络中的设备本身就参与到该网络的时间同步过程当中。所以我们根据数字化变电站的技术特点和对时要求，设计了三种时钟模型：普通时钟（OC）、边界时钟（BC），端到端透明时钟（TC）。普通时钟只有一个 PTP 通信端口，边界时钟有多个 PTP 通信端口，透明时钟对接收的 PTP 报文进行转发，在转发的同时计算事件报文的"驻留时间"并将"驻留时间"累加到事件报文中 6。网络中的每个参与时间同步的设备都会分配成三种时钟类型中的其中一种。一个 PTP 通信子网内只能有一个时钟作为主时钟，其他时钟为从时钟。

（1）普通时钟（OC），如图 2-7 所示。普通时钟只有一个通信接口。一个通信接口在逻辑上分为两个逻辑接口，两个主辑接口分别是事件接口和通用接口。事件接口被用于发送和接受带时间标签的事件报文，而通用接口被用于接收和发送一般报文和管理报文。普通时钟既可以作为主日钟也可以作为从时钟。

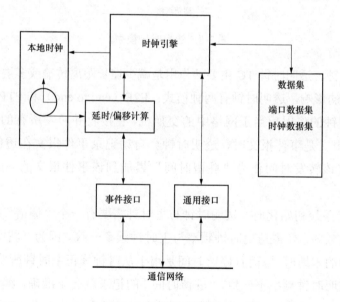

图 2-7　普通时钟模型

（2）边界时钟（BC），如图 2-8 所示。边界时钟有多个物理接口，而每个物理接口和普通时钟的接口一样，是由事件接口和通用接口两个逻辑接口组成。需要注意的是一个边界时钟单元只有一个协议引擎和一个本地时钟。协议引擎负责维护边界时钟的本地时钟和协议数据集。也就是说边界时钟的所有端口共享协议数据集和本地时钟。

边界时钟与上一级设备连接的端口是作为上一级网络的从时钟，时间同步于上一级网络的主时钟，其他端口可以作为主时钟，可以实现时间传递，进而同步下一级设备。

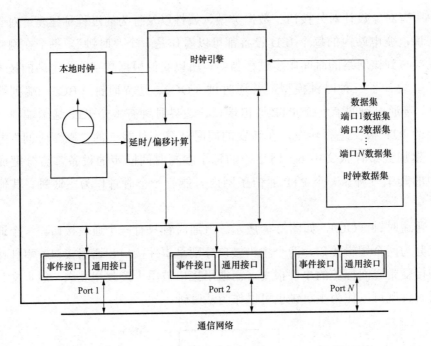

图 2-8 边界时钟模型

（3）透明时钟。透明时钟 TC 主要的作用是减少在长距离传输或多层网络中非对称性对时间同步精度的影响。透明时钟有两种模式：E2E（end to end）和 PTP（peer to peer）。E2E 模式透明时钟的作用相当于网络中的交换机，它接收并转发所有的 IEEE1588 报文7。但当转发的报文是事件报文时，透明时钟会自动记录事件报文在透明时钟转发所花费的时间。并将该转发时间作为"驻留时间"累加到该事件报文的 correction_field 属性上。

在 PTP 对时系统初始化时，透明时钟与主时钟需要有一个"调谐"的过程。目的是调整透明时钟的频率，使得透明时钟频率与主时钟频率一致。因为"驻留时间"的大小，是根据透明时钟的本地时钟，而且停留时间是用于从时钟修正主时钟所发送的事件信息，如果主时钟与透明时钟频率不一致，"驻留时间"的记录就会不准确，继而影响从时钟与主时钟的同步计算过程。一般要求主时钟与透明时钟频率偏差小于 0.02%。

除了对时间报文的处理方法不同以外，两种透明时钟模式 PTP 和 ETE 在其他方面是完全一样的。PTP 模式透明时钟的每一个端口上都有一个可以测量与链路传输延时的模块 A。PTP 模式透明时钟只对 FollowUp 事件报文和 Sync 事件报文两种报文进行处理。其他报文 PTP 模式透明时钟直接转发，不会修改其 correction_ field 属性。对于经过 PTP 模式透明时钟的 FollowUp 事件报文和 Sync 事件报文，PTP 模式透明时钟会把"驻留时间"+"链路延迟"累加到这两种报文的 correction_ field 属性上。

（4）PTP 报文。

1）PTP 报头封装格式。根据不同的目的，PTP 协议定义了十种不同用途的同步报文形式，其中既包括在 IEEE1588v1 中定义的 Sync 同步报文、Delay_Req 延时请求报文、Follow_Up 跟随报文、Delay_Resq 延时请求响应报文，也包括了在 IEEE1588v2 中对应于点到点透明时钟机制的 Pdelay_Req 端延时请求报文、Pdelay_Resq 端延时响应报文、Pdelay_Resp_Follow_ Up 端延时响应跟随报文，还包括 3 种不直接参与时间同步的信息报文 Announce 声明报文、signaling 信号报文和 management 管理报文；按报文类型上述 10 种同步报文可分成事件报文和通用报文，其中，当事件报文的发送和接收时，需要对其通过本地时钟记录精确的时间戳信息，而通用报文只是用来存储普通数据，不需要标记时间戳信息。在 PTP 协议中，这 10 种同步报文相互配合，共同保证了协议的准确、稳定运行。2-4 表为 PTP 同步报文类型。

表 2-4   PTP 同步报文类型

报文种类	报文类型	十六进制数
事件报文	Sync	0
事件报文	Delay_Req	1
事件报文	pdelay_Req	2
事件报文	pdelay_Resp	3
—	Reserved	4～7
通用报文	Follow_Up	8
通用报文	Delay_Resp	9
通用报文	pdelay_Resp_Follow_Up	A
通用报文	Announce	B
通用报文	Signaling	C
通用报文	Management	D
—	Reserved	E～F

所有 PTP 协议报头都遵循长度为 34 字节的统一格式，具体表格如表 2-5 所示。

表 2-5   协 议 报 头

位		长度	起始字节
7 6 5 4	3 2 1 0		
transport Specific	message Type	1	0
reserved	version PTP	1	1
message Length		2	2
domainNumber		1	4
reserved		1	5
flagField		2	6
correctionField		8	8

位		长度	起始字节
7 6 5 4	3 2 1 0		
reserved		4	16
sourceportidentity		10	20
sequenceld		2	30
controlField		1	32
logMessagelnterval		1	33

2）PTP 报文封装格式。下面着重列出了 3 类常用报文不同的封装格式：①Sync 和 Delay_Req 报文。这两种报文在形式拥有相同的封装格式，其中报文发送时间戳中存储的为两个报文离开 PTP 端口的估计时刻，具体封装格式如表 2-6 所示。②Follow_Up 报文。由于 Follow_Up 报文为通用报文，因此其精确发送时间戳储存为 Sync 报文离开 PTP 端口的精确时间，具体封装格式如表 2-7 所示。③Delay_Resp 报文。Delay_Resp 报文同样属于通用报文，其相应的精确发送时间戳储存为 Delay_Req 报文到达 PTP 端口的精确时刻，并且，请求端口标识储存的是发送端口的 ID 号码，具体封装格式见表 2-8。

表 2-6   **Sync 和 Delay_Req 报文封装格式**

字节位								字节	偏移量
7	6	5	4	3	2	1	0		
报头								34	0
报文发送时间戳								10	34

表 2-7   **Follow_Up 报文封装格式**

字节体								字节	偏移量
7	6	5	4	3	2	1	0		
报头								34	0
报文精确发送时间戳								10	34
请求端口标识								10	44

表 2-8   **Delay_Resp 报文封装格式**

字节位								字节	偏移量
7	6	5	4	3	2	1	0		
报头								34	0
报文精确发送时间戳								10	34
请求端口标识								10	44

3）PTP 报文传输。PTP 报文基于 UDP 协议的封装结构。在发送端，应用层首先生

成 PTP 协议并将事件报文的时间戳信息作为用户数据传给下一层。然后当报文达传输层后，操作系统按照网络协议栈规定 UDP 报文格式开始封装报文工作，添加 UDP 报头并把上层传送来的同步报文数据填充在 UDP 用户字段中。在后，网络层接收来自传输层的封装报文，并在该层时将对上层报文进行 IP 封装，其主要添加 IP 报头等信息，且在完成后发送给数据链路层。最后，当报文到达数据链路层时，给报文补充上以太网帧的首部及尾部，至此整个报文封装完毕，以太网帧形成。特别指出的是，以太网帧必须借助网络接口芯片将报文中的数据进行处理，转换成适合物理介质传输的电平信号，最终才能在物理介质上传输。与发送端类似，接收端按照和发送数据包相反的过程可将 MAC 帧向上传输，逐层剥离封装，最终到达应用层。

2.5 电力时间同步网组网

2.5.1 同步系统概述

同步系统选用类似模块化的资源配置层次，从层次上划分成两部分，空间层和地面层。其中，空间层为卫星模块，即卫星授时，包括 GPS 系统和 BDS 系统；地面层包括地面变电站和地面通信网部分，地面变电站部分为相对独立的整体，站内选用统一的光纤以太网方式组网，站内所有待同步装置、设备均分布在该统一光纤上，并采用 IEEE 1588 网络同步对时方式，根据最佳主时钟机制逐层进行同步，地面通信网部分包括调度中心、通信光纤以太网，采用 IEEE 1588 同步对时方式，将调度中心和各地面变电站串接成唯一整体，可实现广域同步网络的资源优化配置和同步链路的合理组织。分布自治的广域电网同步模型如图 2-9 所示。

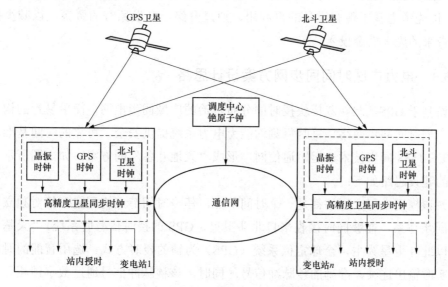

图 2-9 分布自治的广域电网同步模型

2.5.2　电力广域时间同步网建设方案

（1）同步系统的主要问题。对于现代智能电网而言，精确同步的时间系统是绝大多数电力电子装置能否正常运行的首要前提，特别是在整个同步过程中，存在一系列关键因素（如时间源、传递、授时等）有必要着重探讨如下问题：

1）可靠性问题：包括对于整个时间体系—时间源、传递、授时等被允许依赖的程度级别以及同步讯息、过程的可靠性。

2）安全性问题：包括能否抵御自然灾害，甚至是人为因素所致的安全问题，如战时系统遭受攻击可能导致的系统瘫痪等。

3）时间精度问题：包括各类时钟源的精度、传递过程中的误差以及其对稳定性的影响等。

4）经济性问题：包括初期建设和后期运行、维护所需的生产成本以及与之相关的人工费用等。

现有的电网系统规模庞大，横跨地域广阔，因此对可靠性、安全性、授时精度有非常高的要求，其中任何一种要求的降低都会对智能电网的稳定运行和电力安全生产引起难以估量的后果。

（2）针对以上涉及的问题，广域同步网的最佳方案应有以下特点：

1）具有高稳定性的时钟源，多种时钟源互为备用，一旦首选时钟源故障，后备时钟源能迅速替换并提供可靠稳定的授时；

2）应建立独立自主的时钟同步网，避免过度依赖国外技术（如 GPS、GLONASS 等），防止特殊情况下被动情况的发生；

3）保障高精度的同步授时，减少误差的影响，满足电力设备的精度需求；

4）优先考虑基于现有设备的再利用，通过升级、开发原有的资源，以减少推广新技术所带来的庞大资金投入。

2.5.3　电力广域时间同步网方案设计思路

建设基于 GPS、北斗双模块授时的分布自治的广域同步电网，简单易行的构建智能电网的广域时间同步网络，每时每刻均能为电力系统提供安全、可靠的时间基准。同时利用 IEEE 1588 同步技术，运用通信网，形成"天地互备"的方案，如上图所示。同步网方案的建设思路如下：

（1）该模型中每个厂站都是一个时间节点，任一时间节点均配置有相对独立和完善的卫星同步体系，能够同时接收来自北斗卫星、GPS 的授时信号时系统。"天基"授时系统应以北斗卫星为主，全球定位系统（GPS）为辅的授时方式，选用智能的时间切换算法，实时输出连续、准确的秒脉冲信号。同时，该秒脉冲信号通过数字锁相环完成晶振驯服，输出高精度的、高稳定的修正时间信号，实现绝对时间同步。

（2）全系统以通信网络相连并且采用以本地时钟守时为主、通信系统同步网资源为辅的对时方式构成"地基"授时系统。在调度中心配置有高级主时钟（艳原子钟或铷原子钟），为全网提供高精度时钟源。通信网基于 IEEE 1588 时间协议的时间同步方法，通过加权平均算法，缩小链路延时引起的同步误差，当任意时间节点时间失步后，均能通过其他时间节点获取时间同步信息。

（3）电力系统分布自治的广域电网以"天基"授时为主，"地基"授时为辅，整体上形成全方位的天地互备时钟同步体系。当卫星接收器正常运行时，每个时间节点优先选择通过卫星时钟进行授时，完成自身节点内所有智能装置的授时步骤，并凭借通信网络的同步信号，与另外的时间节点相互检测时间同步信息。当卫星接收器非正常运行时，基于全数字锁相环的同步时钟选择失步运行模式，迅速调用历史数据以保证卫星时钟不间断的高精度授时。若短时间内，卫星接收器恢复正常运行，则重新采用卫星授时；若该时间节点时间的同步时钟长时间失效后，则根据最佳主时钟算法（BMC），在变电站和调度中心之间，选择一个相对最准确和最稳定的时钟作为整个系统的主时钟，通过调用通信网内传输的同步时间信号保持全局的时间同步，防止发生系统的时间崩溃。

2.6 电力时间同步系统通信协议

2.6.1 IEEE1588 协议背景

自动化系统由于电磁干扰、环境温度和运行时间长等原因，导致多数设备的时钟不精确。但随着时间的推移时钟之间的误差在增大，当误差达到一定程度时，设备之间的互操作和信息交换会受到严重影响。一些对时间精度要求比较严格的领域，比如精密仪器制造流水线、数字化变电站、智能电网等领域，时间同步的问题显得尤为突出。

IEEE 1588 是网络测量和控制系统精密时间协议标准。根据该标准建立起来的时间同步系统称为 PTP 系统及其网络对时精度最高可达亚微秒级。它的出现使时间同步方式在高精度和低成本的要求中达到了很好的平衡，它是当前最有发展前途的网络对时技术之一。

2.6.2 IEEE1588 协议特点

IEEE 1588 协议主要参考以太网结构来设计，适用于广播进行通信的分布式系统。其运用了硬件打印时间戳、网络通信、最佳时钟算法和分布式对象等多项技术，可有效地减少网络中各个设备的时间误差。

IEEE 1588 是能够将网络中各种不同分辨率和精度的时钟同步到一个统一的时间上的对时协议标准。在变电站自动化领域中，大多数自动化系统是建立在以太网结构上的。IEEE 1588 解决了网络对时精度不高的问题，因此 IEEE 1588 技术，在数字化变电站时间同步领域中将发挥巨大的作用。

该协议具有以下特点：

（1）维护费用低，同步系统可以通过软件算法实现自我管理。

（2）通过硬件和软件的配合，时间同步精度达到微秒及至纳秒。

（3）实现方式灵活，可用软件、硬件、软硬件结合方式实现。模块化的设计使得它更容易适应低端设备。

（4）实现成本低，过程简单可靠，占用的计算资源和网络资源少，可应用到所有设备。

3

对时评估指标与测试方法

3.1 时间同步评估指标

时间同步是将共同的时间参考基准分配至通信网中的各实时时钟。网络中所有相关联的节点访问关于时间的信息，换句话说，基准定时信号的每个周期均已标记并确定具体的日期，并共享一个共同的时标和相关的时刻（在相应的时间精度要求内）如图 3-1 所示。这些共同的时标包括协调世界时（UTC）、国际原子时（TAI）、协调世界时+偏差（如本地时间）、GPS 时间、PTP 时间和本地任意时间等。

在电信网中，3G/4G 基站空中接口对时间同步精度的要求优于±1.5μs，且随着 5G 移动通信及量子通信的发展，其对时间同步的要求更加严格。在电力自动化系统中，被授时设备中行波测距、同步向量测量和雷电定位系统对时间同步精度的要求优于±1μs。除电力、电信领域，其他领域如航空、铁路运输、工业控制与测量、气象预报预测等均离不开时间同步的应用。一个系统的时间同步性能采取什么性能评估指标来衡量以及利用何种测试方法来验证，目前国际和国内并未有统一的观点。本章将重点探讨时间同步的性能评估指标及测试方法。

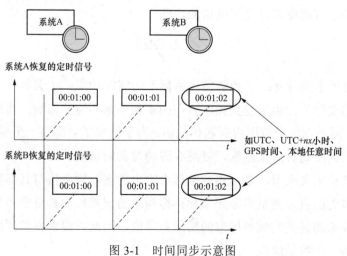

图 3-1 时间同步示意图

在介绍时间同步的性能指标之前，首先介绍频率同步及相位同步的概念。频率同步，就是所谓时钟同步，是指信号之间的频率或相位上保持某种严格的特定关系，其相对应的有效瞬间以同一平均速率出现，以维持通信网络中所有的设备以相同的速率运行。相位同步，意味着所有相关联的节点可以访问参考定时信号，其显著事件发生在同一时刻（在相应的相位精度要求内）。相位同步是指相对于相位（相位对齐）对准时钟的过程。时间同步，相位同步和频率同步既相互联系，又有所区别，频率同步是时间同步和相位同步的基础，时间同步和相位同步是频率同步在绝对时间和绝对相位保持一致情形下的延伸。

评估频率同步的性能指标通常包括频率准确度、频率稳定度、频率漂移、时间间隔误差（TIE）、最大时间间隔误差（MTIE）、时间偏差（TDEV）。由于时间同步要保证系统中各节点每一个时刻的时间与时间标准的误差（time error，TE）均要限制在某一特定范围内（纳秒级），且时间误差由两部分组成，即恒定时间误差（constant time error，CTE）与动态时间误差（dynamictime error，DTE）。因此，衡量时间同步的性能应从以下几个方面进行评估时间精度、时间稳定度与守时精度。

3.1.1　时间同步误差

时间同步误差是时间同步系统最基本的也是最关键的指标之一，它在一定程度上量化了时间同步系统的优劣。时间同步误差可分为绝对时间同步误差和相对时间误差，前者指时间同步系统内各同步点的时间和绝对时间基准之差；后者指时间同步系统内部各站时间与同步站内相对时间基准的误差。在设计建立时间同步系统的过程中，我们希望通过各种方法减少时间同步误差。具体来说，时间同步误差主要体现为各同步站输出秒脉冲之间的时间差。通常在高精度应用中应该达到纳秒级。

3.1.2　频率准确度

频率标准之所以称其为"标准"，其频率准不准、准到什么程度自然成为最主要的标志。它是由频率准确度来定义和度量的，即

$$A = \frac{f_x - f_0}{f_0} \tag{3-1}$$

式中：A 为频率准确度；f_x 为被测频率标准的实际频率；f_0 为标称频率值。

频率标准的实际值，由于受到频率内在因素和外部环境的影响，实际上并不是一个固定不变的值，而是在一个范围内有起伏的值。为了测量 f_x，需要一个尽量恒定的环境，并尽可能用较长的平均时间来测量，以减少波动对其的影响。

频率准确度从定义来看，是描述频率标准输出的实际频率值与其标称频率的相对偏差。但在测量时无法直接测量实际频率和标称频率的偏差，而是以参考频率标准的实际频率值作为标准来测量被测频率标准的实际频率值。因此，要求参考频率标准的准确度应比被测频率高一个数量级以上。

在实际应用中，对频率准确度的指标要求来自两个方面：一方面是同步设备输出的频率信号作为其他设备的基准信号，这取决于其他设备对输入的频率信号的准确度要求；另一方面是频率标准输出的频率信号作为同步设备的钟频信号，其准确度越高，其同步能力就越强。显然，前者是经过处理后输出的频率信号，后者是选用的频率标准输出的原始频率。通常对这两方面的指标要求为 $10^{-12} \sim 10^{-8}$ 之间。

3.1.3　频率稳定度

频率标准作为一种电子设备，输出信号不可避免受到内部各种电子噪声的影响，使其输出频率不是一个固定值，而是在一定范围内随机起伏。频率稳定度就是用来描述频率标准输出频率受噪声影响而产生的随机起伏。

频率准确度和稳定度的关系相当于测量中的系统误差和随机误差的关系，准确度相当于系统误差，稳定度相当于随机误差。其关系可以用射击打靶来形象地描述。图 3-2 描述了准确度和稳定度的各种关系。

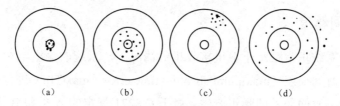

（a）　　　　　（b）　　　　　（c）　　　　　（d）

图 3-2　准确度与稳定度的形象表示

从定量描述来说，美国学者阿仑对此做了大量的研究并取得了一定的成果，他准确提出了表征频率稳定度的方法，也即阿仑方差。阿仑方差分为广义阿仑方差和狭义阿仑方差。

广义阿仑方差表达式为

$$\sigma^2(N,T,\tau) = \lim_{m \to \infty} \frac{1}{m} \sum_{j=1}^{m} \left[\frac{1}{(N-1)f_0^2} \sum_{i=1}^{N} (f_t - \overline{f_N})^2 \right]_j \tag{3-2}$$

式（3-2）中，$\sigma^2(N,T,\tau)$ 表示参数分别为 N、T、τ 时的广义阿伦方差。其中，N 为取样次数；T 为采样周期；τ 为采样时间；m 为测量组数。从上面的定义可以看出，广义阿仑方差描述的是不同时间的输出频率相对于不同时候平均频率 $\overline{f_N}$ 的起伏方差。

如果要用广义阿仑方差来比较两个不同频率标准的频率稳定度，就必须在测量时三个测量参数 N、T、τ 都取同样的值，可想而知，这对频率标准的实际应用很多不便。狭义阿仑方差就是为了解决这个问题应运而生的。当 $N=2$，$T=\tau$ 时，广义阿仑方差就变成为狭义阿仑方差了，狭义阿仑方差定义为

$$\sigma^2(\tau) = \lim_{m \to \infty} \frac{1}{2mf_0^2} \sum_{i=1}^{m} (f_{i+1} - f_i)^2 \tag{3-3}$$

可以证明 m 组测量值之间有无间歇其计算结果都是一样的。另外，在实际应用过程

中不可能取 m 为无穷大值，一般取 m 为一稍大的有限值。

在实际应用中，对频率稳定度要求较高的是测速设备，因为测速设备就是测量多普勒频率，如果测速设备中作为多普勒频率测量参考标准的本振频率不稳，就会直接影响到多普勒频率测量的随机误差。测速设备对频率稳定度的要求通常是平均时间 $1\sim10$s 的稳定度 $10^{-12}\sim10^{-11}$，平均时间 $10^{-2}\sim10^{-1}$s 的稳定度为 $10^{-11}\sim10^{-9}$。现在一般的原子频率标准都能达到这个要求。

3.1.4 频率偏差

某些测量设备如多站无线电测速系统关心的相对频率值：频率偏差。因为它们的本振信号用的就是来自同步设备频率标准输出的标准频率信号，此时不同站间频率标准输出信号的频率偏差直接影响测量的系统误差，站间的频率偏差几乎占了其系统误差的全部。因此在这种情况下，对频率标准要求的不是准确度，而是不同站间同步设备输出的标准频率信号的频率偏差，通常这一要求为 $10^{-11}\sim10^{-9}$ 量级。

3.1.5 时间精度

当时间同步系统正常跟踪于卫星接收机的情况下，系统的输出绝对时间精度应采用设备的最大绝对时间误差（maximum absolute time error，max|TE|）进行衡量，它包括恒定时间误差和动态时间误差的噪声产生。对于 G.8271 规定的 A 类和 B 类 T-BC，其值分别为 100ns 与 70ns，接口类型为 1PPS 和 PTP 接口。对于时间同步设备，我国规定 1PPS+Tod 与 PTP 输出接口均为 ±150ns。IRIG-B 码为 $\pm20\mu$s。

3.1.6 时间稳定度

在正常跟踪卫星定位系统的情况下，对于时间同步设备，1PPS 接口输出信号的 MTIE/TDEV 应满足我国频率同步网的 1 级基准时钟漂移产生的要求（观察时间待定）。对于 G.8271 规定的 A 类和 B 类 T-BC，其 PTP 和 1PPS 输出口的恒定误差产生分别为 ±50ns 与 ±20ns。对于动态误差的噪声产生，若其内部含有一个 EEC-Option 的时钟，且时间和频率均处于锁定状态，当通过一个 0.1Hz 的一阶低通滤波器进行测量时，在 1000s 的观察时间内，其 MTIE 不超过 40ns，当通过一个 0.1Hz 的一阶高通滤波器进行测量时，在 1000s 的观察时间内，其 MTIE 不超过 70ns。

在正常跟踪 1PPS+ToD 信号时，对于时间同步设备，1PPS 接口输出信号的 MTIE/TDEV 应满足我国频率同步网的 2 级和 3 级节点时钟漂移产生的要求（观察时间待定）。

3.1.7 守时精度

当时间同步输入功能失效时，在时间同步设备内部时钟正常跟踪于我国 1 级基准时钟的定时信号时，通过 1PPS 接口或 PTP 接口进行观测，在 3 天之内的相对守时精度应优于±1μs；时间同步设备内部时钟无法正常跟踪于我国 1 级基准时钟的定时信号时，对于内部时钟配置为 2 级节点时钟，在 1 天之内的相对守时精度应优于±5μs；若内部时钟配置为 3 级节点时钟，在 1 天之内的相对守时精度应优于±0.1ms。

3.2　时间同步检测工具

电网同步时钟校验仪是基于对卫星对时、时间信号对时、串口对时设备的时间信息正确性、时间精度和稳定度的检定方法的仪器。可以作为高精度和高稳定度的时标源和频标源，提供各类时间信号输入和输出接口，完成对时间信号的分析、统计、记录、比对、存储等测试。

随着卫星时钟（北斗、GPS）应用的深入，电力系统形成全网统一时钟成为可能，目前全国各电力公司正致力于此项工作。要想达到真正意义上的全网统一时钟，有两个重要环节必须严格控制：一是提供时钟的设备（如 GPS 时钟装置），二是应用时钟的设备（如保护装置、故障录波装置、行波测距装置、向量测量装置等二次自动化设备）。同步时钟装置提供的各种类型时钟信号的准确度和稳定度如何？各二次设备在时钟的使用过程中数据的时间标记有无偏差（如 SOE），需要一种符合电力系统需求的同步时钟校验仪来解决这些难题。

3.2.1　时钟校验仪发展简介

电力系统时间同步信号包括频率信号、PPS 脉冲、PPM 脉冲、PPH 脉冲、IRIG-B（DC）、IRIG-B（AC）、DCF77、交流电压频率、网络对时信号（NTP/SNTP/PTP）、串口时间报文等。这些时间信号的检测项目包含脉冲宽度、脉冲上升沿上升时间、IRIG-B 码时间数据解码准确度、IRIG-B 码时间基准沿准确度、频率准确度、网络授时准确度、串口时间报文规约正确性等，涉及功能及性能方面的全面测试。

在缺少专用测试仪器的情况下，电力系统中对时间同步装置的测试方法是借助通用测试设备，例如标准时间源、时间间隔频率计数器、示波器等，无法有效测试 IRIG-B 码、DCF77、交流电压频率、网络对时信号等时间同步领域特有信号类型。对于电力系统中特有的 SOE 记录、GOOSE 报文等的测试更是无法胜任。

近几年，国内通信领域引入了英国 TFS 公司的 TimeAcc 时间测试仪，该设备具备部分时间信号测试功能，主要的不足在于只采用 GPS 时钟、接口类型有限、无交流电压（市电）的频率测试比对，无法做到用一台仪器完成对变电站、发电厂中各种二次设备的时间同步校验，而且价格昂贵。

3.2.2　时间校验仪功能

电网同步时钟校验仪是基于对卫星（北斗、GPS）对时、网络（PTP、NTP、SNTP）

对时、时间信号［IRIG-B（DC）、PPS、PPM、PPH、DCF77 等］对时、串口（RS-232、RS-422）对时设备的时间信息正确性、时间精度和稳定度来实现时间同步的检定仪器。除了符合电力系统自动化设备时间同步测试需求，还可以作为高精度和高稳定度的时标源和频标源，提供各类时间信号输入和输出接口，完成对时间信号的分析、统计、记录、比对、存储等测试。

电网同步时钟校验仪结构上采用便携式工业机箱结构，轻便、便于携带；配备电池，保证在携带时仍然可以守时；大屏幕触摸液晶屏便于方便观测时间信号波形；提供各类时间信号接口，如以太网（ST 光纤以太网接口、RJ45 以太网接口）、RS-232/RS-422 串口、Fiber、TTL、RS-485、OC 接口的 IRIG-B（DC）、DCF77、PPS、PPM、PPH 时间信号等。

（1）校验仪主要测试校验项目：

1）提供 UTC 标准时间；

2）提供标准的 PPS、PPM、PPH、IRIG-B（DC）、IRIG-B（AC）、DCF77 等时间信号和 PTP、NTP、SNTP、串口报文时间信息；

3）提供 50～250V/40～60Hz 标准正弦波；

4）测试时钟设备的时间信号输出延时；

5）测试时钟设备的时间信号传递延时；

6）测试时钟设备时间补偿能力；

7）测试时钟设备的守时精度；

8）测试时钟设备的时间信号输出的稳定性；

9）测试开关量采集精度；

10）测试开关量采集去抖动延时；

11）测试自动化装置的对时结果；

12）测试开出信号跳变时刻；

13）测试脉冲信号的脉宽、周期和频率；

14）测试不同信号、不同触发的时差；

15）测试信号的频差；

16）测试 220V 交流电压频率；

17）测试电时钟偏差。

（2）技术性能指标：

1）时间精度测试分辨率：0.2ns；

2）频标源驯服精度：3E-12（2h 后）；

3）使用环境：工作温度-10～+50℃；

4）输出时间精度：PPS/PPM/PPH±15ns，IRIG-B（DC）±15ns，DCF77±15ns，IRIG-B（AC）±100ns；

5）时间信号测试精度：20ns；

6）时间基准与标准 UTC 误差：小于 50ns。

3.2.3　时间基准源的稳定性检测技术

电网同步时钟校验仪内部时间基准有两项衡量指标：准确度和稳定度。准确度是相对世界时（coordinated universal time，UTC）而言，即装置内部基准秒沿与世界标准时间秒沿间的误差。要获得足够高的时间准确度，例如优于 50ns，并不是一件容易的事情。目前，时间传递的主要方式有短波（BPM）、长波（BPL）、低频时码（BPC）、导航卫星（中国北斗、美国 GPS、俄罗斯 GOLONASS、欧洲伽利略）、通信卫星（卫星电视比对）、电话网络、计算机网络、飞机搬运钟等。目前广泛使用的时间传输系统包括卫星（GPS/北斗）和数字同步网，其时间精度为百纳秒级，并且 GPS 与北斗等外部基准沿具有长期稳定性好、短期稳定性差的特点，其长期秒沿抖动服从正态分布特性。

电网同步时钟校验仪作为常用测试仪器，开机后等待内部基准时间与世界时 UTC 之间的同步精度达到设定精度范围内的时间不宜过长，否则将给用户的使用带来不便。一般来说等待时间不宜超过半个小时。要达到该项指标，必须采用高效率滤波算法，利用短时间内获得的样本快速计算出正态分布均值。

系统同时支持北斗、GPS、GLONASS、BPL、IRIG-B、SDHE1 等多种时钟源接入，对接入的时钟源进行监控，采用 PPS 脉冲间隔监测、授时报文校验、授时报文连续性监测、授时信息提取等方法，实时记录各时钟源的状态信息，以此作为时钟源切换的判据。系统采用 FPGA 硬件逻辑，结合时钟源状态和时钟源优先级实现时钟源无延时自动切换。

3.2.4　高精度守时技术

电网同步时钟校验仪内部时间基准的稳定度指标体现在其守时性能上。当外部时钟源信号丢失或是仪器需要移动测试时，仪器只能依靠频率源维持时间基准，在尽可能长的时间内将时间准确度维持在精度范围内。例如，如果想守时工作两个小时，而准确度变化范围不超过 50ns，那么每个小时时间基准秒沿漂移不能大于 25ns，对应的频率稳定度为 7E-12（无初始频率偏差情况下）。

要使得时间基准较长时间保持高精度，必须满足两个条件：首先，频标源的频率准确度要高，频率实际值与理论值不能有大的偏差，否则将导致时间基准秒沿迅速偏离世界时秒沿；其次，频标源的频率稳定度要高，否则稳定性变差将直接导致准确度变差。

石英晶体振荡器通常是可获得的较便宜的频标，一般高性能晶振的频率稳定度能达到 1E-8～1E-9 量级之间。稳定性更佳的铷原子钟，稳定性范围在 1E-10～到 1E-11 量级之间，铯原子钟稳定性在 3E-13 量级。准确度则可通过外部电压或数字输入进行调节。

电网同步时钟校验仪要达到高精度守时性能，必须采用稳定性指标较高的铷原子钟才能满足。而指标越高，原子钟的价格也越高昂，因此一味追求高性能器件是不可取的。

根据频标源自身特性，采用一定的控制算法，在性能指标较低的频标源条件下取得高频率准确度和稳定度才是解决问题的正确途径。

采用授时信号驯服校频技术调节高稳压控晶振的频率，解决频率准确度问题；采用频标源模拟和数字二步调整法，解决频率稳定度问题，从而提高晶振的准确度和长期稳定性，实现校验仪的高精度守时功能。

FPGA 晶振驯服校频原理如图 3-3 所示：采用 1E-11 量级的铷原子钟，在 FPGA 中实现驯服校频算法：当系统处于卫星授时工作状态时，授时信号即标准秒脉冲通过数字鉴相器测量铷原子钟当前频率偏差，然后由数字调节器对铷原子钟的输出频率进行相应调节。铷原子钟频率输出经分频器分频得到秒脉冲信号，再反馈回数字鉴相器，形成一个闭环频率修正系统，从而使铷原子钟始终工作于标准频率输出状态。

频标源模拟及数字二步调整法：铷原子钟频率漂移受多方面因素影响，例如环境温度、电源电压、铷原子老化等。通过长期观察铷原子频率特性曲线，建立拟合模型，在守时阶段根据该拟合模型对频率输出进行数字二步调整，从而使频率输出稳定性得到动态补偿，大大提高了铷原子钟的频率输出稳定性。

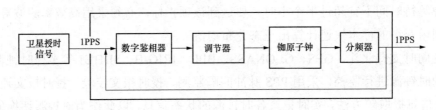

图 3-3　FPGA 晶振驯服校频原理

通过上述方法，系统实现了高精度的守时功能，守时精度可达到 10ns/h，满足了时间校验仪便携式测试需求。

3.2.5　时间同步信号精度检测技术

对时间同步标准中包含的所有时间信号类型，例如 IRIG-B（DC）（FIBER、RS-485、OC、TTL 接口）、IRIG-B（AC）、DCF77（RS-485、OC、TTL 接口）、PPS/PPM/PPH（FIBER、RS-485、OC、TTL 接口）、时间报文（RS-232、以太网接口）、NTP/PTP 等，要根据每种信号的特征，具体分析被测信号是否满足行业标准。目前可以基于高性能 FPGA 器件，对时间信号沿采用硬件捕获方法，实现脉冲信号高精度检测；对编码信号采用码表分析法分析信号准确度，并实现对时间信号测试通道时延的自适应补偿。通过采用铷原子振荡器和延时线技术，实现时间间隔的皮秒级精确测量，信号精度检测分辨率达到 200ps。

3.2.6　信号通道延时闭环修正技术

在高精度时间信号测试过程中，通道传输延时及器件延时将给信号测量精度带来不可忽略的影响。根据光速 3×108m/s 计算，信号传出 30cm 将导致 1ns 的延时误差；一些信号电平转换芯片的信号延时甚至达到几个微秒，这对纳秒级精度的电网同步时钟校验仪来说是不可容忍的。

电网同步时钟校验仪包含单模/多模光纤、RS-485、RS-232、OC 门空接点、TTL 等多种信号输入/输出接口，各接口通道的延时各不相同。为了体现各个信号在仪器端口切面的绝对时间，需要对各接口通道延时进行补偿修正。

3.2.7 同步时钟校验仪系统设计

同步时钟校验仪的系统设计原理如图 3-4 所示，包含卫星时间接收模块、铷原子钟模块、时间信号输入/输出模块、FPGA 模块、CPU 模块、MMI 模块、供电模块等。

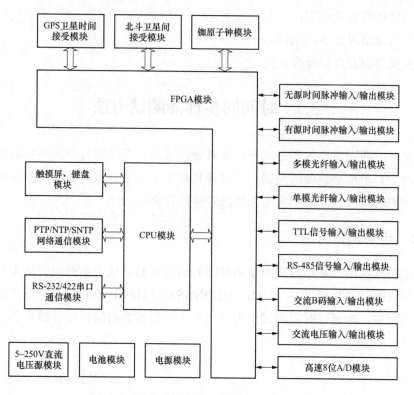

图 3-4　同步时钟校验仪的系统设计原理图

卫星时间接收模块包括北斗卫星接收模块、GPS 卫星接收模块，负责时间基准源的获取，从而为校验仪装置提供 UTC 时间基准；时间信号输入/输出模块包括无源时间脉冲输入/输出模块、有源时间脉冲输入/输出模块、多模光纤输入/输出模块、单模光纤输入/输出模块、TTL 信号输入/输出模块、RS-485 信号输入/输出模块、交流 B 码输入/输出模块等部分，提供各种类型的时间信号收发接口；通信模块包括 PTP/NTP/SNTP 网络通信模块、RS-232/422 通信模块，提供对网络对时信号的测试接口；MMI 模块包括触摸屏模块、键盘模块；供电模块包括工作电源模块、电池模块、5～250V 直流电压源模块。

其中，PTP/NTP/SNTP 网络通信模块、RS-232/RS-422 通信模块、触摸屏键盘模块均连接到 CPU 模块；其他接口模块连接到 FPGA 模块，进行时间信号精度解析；FPGA 模块通过并行总线连接 CPU 模块，将对时间信号的处理解析结果送到 CPU 模块进行进一步分析处理及显示。

电网同步时钟校验仪作为针对时间及频率信号的便携式测试仪器，遵循如下设计原则：

（1）体积适中，易于携带；

（2）测试接口齐全，满足现有的时间频率信号接口类型测试要求；

（3）测试信号丰富，满足现有的时间频率信号类型测试要求；

（4）各功能部件模块化设计，易于扩展；

（5）硬件电路安全可靠；

（6）信号通道时延小、无抖动；

（7）人机界面友好，操作简便。

3.3 时间同步性能测试方法

无论是对时间同步设备还是时间同步系统，其测试方法均可分为绝对测试方法和相对测试方法。对于单个设备的测试，也可将其视为一个单节点的时间同步系统，因此接下来的测试方法均以时间同步系统为待测对象进行介绍。

3.3.1 绝对测试方法

所谓绝对测试法，是指时间同步系统的时间源和测试仪表的时间源均来自于全球导航卫星系统 GNSS（包括北斗、GPS、GLONASS 和 GALILEO），整个系统通过某种方式达到时间同步，再通过时间测试仪测试其最末端设备的时间输出性能，其组网方式如图 3-5 所示。

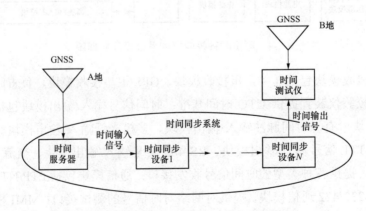

图 3-5 时间系统的绝对测试组网图

根据上述配置,若 A 地和 B 地位于同一地点,例如在同一实验室,则可通过 GNSS 多路分配器同时接入时间测试仪和时间服务器,并计算两路接入线缆的长度差,以估量所产生的时延差,以达到测试的绝对时间误差最小;若 A 地和 B 地位于不同地点,则应采用共模共视法对比计算出时间服务器和时间测试仪分别接收 GNSS 信号的时间误差,再对系统进行测试,测试后的结果应补偿掉时间服务器和时间测试仪的时间误差。对于某些具有 GNSS 处理模块和接口的时间同步设备,可直接利用其设备接收 GNSS 信号,不再需要时间服务器,但这类设备必须具备至少两路时间输出接口,以便运行的同时能进行验证测试。总之,采用绝对测试法,其优点就是能保证测试结果的准确性和可靠性更高,缺点是配置复杂,需进行二次测试才能保证系统绝对时间的准确。

3.3.2 相对测试法

所谓相对测试法,是指时间同步系统的时间源来自于测试仪表,整个系统通过某种方式达到时间同步,再通过时间测试仪测试其最末端设备的时间输出性能,其组网方式如图 3-6 所示,时间测试仪表并不要求与绝对时间同步,即它的时间源可跟踪 GNSS 的时间信号,也可采用内部保持模式。

根据上述配置,时间同步系统的源和端均为时间测试仪,这样测得的结果,其误差全来自于整个时间同步系统,能更方便地确定系统的长期输出精度,且对于时间测试仪,是否接入 GNSS 对系统的时间输出精度并无影响。但是,要测量系统的守时精度,则需接入 GNSS,否则时间测试仪自身本振的准确度不高,将会影响时间同步系统的守时精度。对于现网中的测试,设备 N 与设备 1 一般不位于同一地点,所以无法保证如上的配置,此时并不适用于采用相对测试组网。总之,相对测试法与绝对测试法相比配置简单,经济成本较小,但应用场景受到一定的限制。

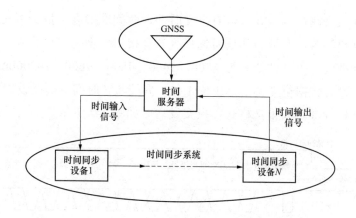

图 3-6　时间系统的相对测试组网图

3.4　常用时间同步信号的测试内容与合格条件

3.4.1　脉冲信号测试

脉冲信号有 1PPS、1PPM、1PPH 或可编程脉冲信号等。其输入接口方式有 TTL 电平、静态空接点、RS-422、RS-485 和单模/多模光纤等。脉冲信号对应的测试的主要参数有脉冲宽度和时间准确度。

3.4.2　IRIG-B（DC）信号测试

IRIG-B 码应符合 IRIGStandard200-04 的规定，并含有年份和时间信号质量信息（参照 IEEEC37.118—2005），其时间为北京时间。其输入接口方式有 TTL 电平、静态空接点、RS-422、RS-485 和光纤等。IRIG-B（DC）测试的主要参数有 B 码时间、时间准确度、码元抖动、码元 0 脉宽、码元 1 脉宽、码元 P 脉宽、时间偏移、时间质量、校验结果、闰秒检测等。

3.4.3　IRIG-B（AC）信号测试

IRIG-B（AC）交流 B 码的"0"信号正弦波和"1"信号正弦波的峰峰值比默认为 1:3，可调范围为 1/8～1/2。"1"信号正弦波的峰峰值可调 6-20VP-P。IRIG-B（AC）码测试的主要参数有 B 码时间、时间准确度、时间偏移、时间质量、校验结果、闰秒检测等。

3.4.4　串口对时报文测试

串行口时间报文测试的主要参数有报文时间、时间准确度、报文格式、校验结果、时间质量、闰秒检测等。在通道和信号选择区选择接口类型为串口输入，信号类型默认为报文，检测标准设置中，波特率为 1200、2400、4800、9600、19200bit/s 可选，缺省值为 9600bit/s；设置数据位 8 位，停止位 1 位，偶校验。时间准确度设置为 5000μs。报文格式选择串行口标准时间报文格式，报文发送时如图 3-7 所示。

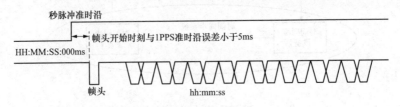

图 3-7　串行口标准报文格式

3.4.5 NTP/SNTP 网络对时测试

在进行 NTP 网络对时测试的时候,测试仪器的工作模式为客户端,测试的主要参数:时间准确度测试精度,测试线缆直接与测试仪器连接,物理接口为 RJ45,匹配线缆为 8 芯 100M 网络双绞线/ST 光纤接口。

3.4.6 PTP 网络精密对时测试

PTP 网络精密对时测试的主要参数是时间准确度测试精度。测试线缆连接方式与 NTP 模式相同,在网络对时分析时,选择对时协议为 PTP。

3.5 时间同步基本方法及其原理

在高精度时间同步应用系统中,通常使用频率高稳高准的原子钟来产生时间和频率。因此,时间同步也就是使各个处于异地的时钟保持频率和时间同步。通常,时钟同步有很多方法,按其工作原理可分为搬钟时间同步法、单向时间同步法、双向时间同步法三种方法。

3.5.1 搬钟时间同步法

要把分布在各地的时钟指原子钟同步起来,最直观的方法就是用搬钟作同步比对,可用一个标准钟作搬钟,然后用搬钟比对校准各地的钟。或者使用一个普通钟作搬钟,首先让系统的标准时钟比对校准这个搬钟,然后将系统中的其他时钟与搬钟同步比对,实现系统其他时钟与系统标准时钟同步。所谓系统中各时钟的同步,并不要求各时钟完全与统一标准时钟对齐,只要求知道各时钟与系统标准时钟在比对时刻的钟差以及比对后它相对标准钟的漂移修正参数即可,无须拨钟校正,只有当该钟积累钟差较大时才做跳步或闰秒处理。这是因为要在比对时刻把两钟"钟面时间"对齐,一则需要有精密的相位微步调节器来调节时钟驱动源的相位,另外,各种驱动源的漂移规律也各不相同,即使在两种比对时刻时钟完全对齐,比对后也会产生误差,仍需要观测被比对时钟驱动源相对标准钟的漂移规律,故一般不这样做。在导航系统用户设备中,除授时型接收机在定位后需要调整信号前沿出现时刻外它要求输出秒信号的时刻与标准时钟秒信号出现时刻一致,一般可用数学方法扣除钟差。搬钟同步方法虽然简单,但是为了确保搬钟作为比对标准的相对准确性,因此要求在搬运过程中受到因搬运方法和环境所造成负面影响越小越好,一般搬钟都用飞机且在恒温恒湿的环境中进行搬运。鉴于上述原因,搬钟同步法受地域条件的限制,很多时候是不能搬到一起,或者是搬到异地后,由于地理条件不同、环境不同而带来搬运标准钟的变化。另外,要保持较高精度的时钟同步,那么就需要经常搬钟同步比对,很不方便。这种方法由于不能实时或近实时作时间同步,现在很少采用。

3.5.2 单向时间同步法

所谓单向是指作为同步基准的中心站把同步校正的信号单方向传送到被校的各从站。如图3-8所示，主站通过各种途径传送同步信息给从站，然后从站根据这些同步信息以一定的同步精度校正到主站的时间和频率上。为了精确定时，同步信息应该包括主站精确坐标、主站系统频率及时间等。从站利用直接或间接得到自己的坐标与主站给的坐标计算信号传播的时延，然后利用计算得到的时延、主站系统时间、距离时延校正以及从站接收机时延校正就可以校正本站的时间，利用主站发送过来的系统频率就可以校正本站频率。在同步频率精度要求比较高时，也可以用主站的系统时间采用比时法来校正从站频率。由于传播途径所遇环境的复杂性，距离时延误差因传播信号途径的不同而差异较大。总的说来，单向时间同步法的系统误差相对于双向时间同步法的要大，所以单向时间同步法的同步精度只能达到一定的程度，时刻同步精度大部分只能达到微秒级别，校频精度一般比主站频率准确度小1～2个数量级。但是该方法所用设备相对简单，比如传统的短波授时、长波授时都属于单向时间同步法。

图3-8　单向时间同步法示意图

3.5.3 双向时间同步法

为了弥补单向时间同步法的不足，人们发明了双向时间同步法。所谓双向就是主站和从站都向对方发信号。因为双向时间比对在原理上可以消除共同的传播路径误差，所以这种方法可以实现较高精度的时间同步，大部分时刻同步精度可以达到纳秒级，校频精度一般比主站频率准确度小1～2个数量级。但是由于主站需要配备昂贵的高精度原子基准，而且主站和从站都要向对方发送信号并进行伪时延测量，所以系统设备相对于单向时间同步法较复杂，成本较高。尤其是主站，因为要同时和很多从站实现同步，所以主站的工作量特别大，可靠性差。我国的"北斗一号"导航系统就是用此法来实现定时和校频的。

4

串口报文对时技术

4.1 串口报文对时概念与发展历程

4.1.1 对时的必要性

随着电网规模的扩大和自动化水平的提高，不仅作为电网基本组成单元的变电站、发电厂和调度中心内部众多与时间有密切关系的自动化设备和数字化控制系统对统一、精确授时的依赖程度越来越高，而且电网内对发生事件的记录，如电网故障时刻的确认、事件记录和告警时间的准确统一、系统运行状况、性能分析等对时间精度的要求越来越高。建设统一的时间同步网，固然是解决全电网时间问题的好方法。但就能否精确补偿时间信号传输时延、如何建设高可靠性高时间精度的时间同步网及其投资代价等方面的综合性问题，电力系统内展开了深入探讨。

电力系统是一个实时系统，而且里面的每个时刻系统的状态量均在发生变化，于是，为了保证电网运行人员随时随地准确地掌握电网实时运行情况，对运行数据进行分析计算，就需要全网采用统一的时间基准进行控制。

同时，在电网在异常或发生复杂的故障的情况下，监控系统和故障录波装置也需要准确地记录各个保护动作事件所有可能发生的全部先后顺序，以此用于对故障的反演和分析。

虽然每个保护自动化装置的里面均含有内部时钟，但是由于各装置间的内部时钟晶振存在的差异，就无法十分准确地保证装置与装置间、装置与监控系统间各方面的时间保持完全的对应关系。这就要求我们要采用统一的时钟源对站内所有装置进行串口报文对时操作。

总的来说，变电站对时方案主要分为三种，第一种就是在站内配两套主钟，分别接 GPS 和北斗。主钟之间通过 B 码互为备用。第二种就是将每个保护室配置两套扩展时钟，接收主钟的 B 码对时信息，并扩展成装置需要的秒脉冲、分脉冲、时脉冲、IRIG-B（DC/AC）、串口对时报文、NTP 网络对时报文输出。而最后一种方案，就是保护测控装置，故障录波等间隔层装置采用 B 码对时方式。站控层远动装置，监控主机、信息网接入设备采用网络方式对时。

4.1.2　目标信息源的选择

遥信是变电站一二次设备的运行状态信息远传到调度端的信号，数字化变电站的二次设备和一次设备通过 GOOSE 报文向过程总线（光纤交换机）发送其运行状态信息，如开关刀闸位置等，测控装置接收这些 GOOSE 报文，解析后再通过 MMS 发送到站控总线（电口交换机），远动机接收这些 MMS 报文后通过串口通道（E1 转串口）的 101 规约和采用网络通道（电力调度数据专网）的 104 规约将这些信息上送到调度主站，既双源通信，2 个规约通信程序通常采用 1 张双边表，因此只需要对 1 个数据源的信号进行全对试。由于串口通信较易于被单片机处理，本文选择 101 规约作为全对试的信息源，104 规约只需要进行信号的抽检验证，一般采取在 104 规约遥控传动试验过程中确认开关位置正确变位即可。

而具体分析中我们需要了解到，串口报文对时技术也被称为软对时技术，是利用一组时间数据（年、月、时、分、秒）按照一定的格式（速率和顺序等），通过串行通信接口发送给被授时装置，实现串口时间报文的授时技术。也是指从时间同步装置循环发出串口报文，报文编码方式大都使用 ASCLL 码、BCD 码或十六进制码。被授时装置接收到报文后，解码出年、月、日、时、分、秒等信息，同时也可能包括其他的用户指定信息。串口协议 RS-232、RS-422/485 都能应用在串口校时中，RS-232 是单极性信号传输距离约 30m，而 RS-485/422 是差分信号传输距离可达 1200m，可根据用户需要自行选择。如传输波特率合适，校时精度可达毫级秒。而在串行异步通信中，数据位的传送是以字符为单位的，数据位的前、后要有起始位和停止位，另外为了保持数据的准确性，可以在停止位的前面加上一定长度的校验位。串行总线在空闲时候总是保持逻辑"1"状态，当接受端检测到传输线上发送过来的低电平逻辑"0"（即字符帧起始位）时，认为被发送端已开始发送数据，每当接收端收到字符帧中的停止位时，就认为一帧字符已经发送完毕。帧格式如图 4-1 所示。

开始位　　　　8位数据位　　　　校验位 停止位

图 4-1　帧格式

被授时装置利用这组数据预置其内部时钟。常用的串行通信接口为 RS-232 和 RS-422/RS-458。串口报文对时技术的优点是数据全面，不需要人工预置；但是它的缺点就是授时精度低，报文的格式需要从授时和被授时装置双方约定。目前，很多场合都采用以上两种方式的组合方式，从而可以充分利用两者的优点，并且克服两者的缺点。

串口报文对时的优点是数据全面、不需要人工预置；缺点是授时精度低、报文的格式需要授时和被授时设备双方约定。

串口对时（GPS统一校时装置，GPS卫星时钟参考源，北斗授时器）是上海锐呈电气有限公司为电磁环境恶劣的工业现场应用而设计，适用于电力、铁路、水利、矿业、银行、石油化工等领域，为自动化控制、生产管理、安全管理、信息管理、网络管理等系统提供准确、稳定的授时服务。装置采用新的GPS北斗接收器，可同时跟踪多达24颗卫星、稳定性好，精度高。

4.1.3　串口报文对时的功能及特点

（1）串口报文对时的功能：

1）授时功能：①秒（分，时）脉冲授时，包含TTL、空接点、RS-485、RS-232、光纤等输出。②IRIG-B码授时。包含TTL、交流调制、RS-485差分、RS-232串口、光纤等输出方式。③报文授时：包含RS-485差分、RS-232串口、光纤、网络等输出方式。④网络协议授时，网络时间同步协议输出。

2）测频功能：电网频率测量、频率越限。

3）电钟功能：电钟时间、电钟时差。

4）定时、闹钟功能：提供状态节点等输出。

5）数据存储功能：用于存储周波、电钟历史值、运行记录等。

6）其他附属功能：系统运行状态多方式输出。

（2）串口报文对时的特点：

1）模块化结构，实现卫星时钟的通用化，以及接口资源的合理配置。

2）模块支持热插拔，以及自动侦测，方便系统在线维护，保证授时系统连续可靠工作。

3）适应更多的组网方式，互备方式、主从方式等。

4）灵活多变的组网模式。适用于双钟或多钟互备、子母钟等等方式。

5）系统运行状态输出，多种方式接入全网同步时钟监控系统。

6）同步测量，进一步提高了频率测量精度和一致性，精度达到2/1000000（四位小数）。

7）应用高性能器件，及软处理方式，提供高精度的硬对时信号。配合秒脉冲补偿处理，可以保证全站出口的秒脉冲前沿准确度达到20nS。

8）提供高精度时钟守时，在时钟源断开时保证守时精度优于$5×10^{-9}$s。

9）灵活多变的扩展方式。可通过光纤、网络、RS-485差分、RS-232串口、接点、TTL等多种方式对授时信号进行扩展。

10）可同时为几十万台客户端、服务器、工作站提供时间服务。

11）支持 WINDOWS、LINUX、UNIX、SUN SOLARIS、HP-UX 等操作系统及支持 NTP 协议的路由器、交换机、DVR、NVR、智能控制器等网络设备。

12）多卫星系统接入，以及不同系统间的无缝切换，保证了授时系统的安全性及可靠性。目前支持接入 GPS、北斗、格罗娜丝。

13）采用数码管显示，具有高亮度、广视角、耐环境、长寿命等优点。

14）使用上端设置软件，更方便输出配置、参数保存。

4.2 串口报文对时原理

电力系统运行管理形成了以调度自动化系统为中心的主站系统，以电站监控（包括发电厂、变电站、开关站等）为主的子站系统。由于主站、子站系统模式不同，对授时精度要求也不同，分别给出其时间同步方案。

主站系统的时间同步方案主站系统包括 SCADA/EMS、DMIS、M IS、继电保护及故障信息管理系统、电力市场技术支持系统等。这些管理系统对时间精度的要求为秒级，授时精度达到 1s 即可。其系统特点如下：

（1）分布式计算机系统，接入的计算机数量大。

（2）通过电力调度运行管理网络互联成为大型 MIS，由于应用系统间信息交换的需要，系统之间是互联的。

（3）分层分级，由于管理的电压等级、管理的范围和面向的用户不同，主站系统通常由分布在网公司、省（自治区、直辖市）公司、市（地）公司、县公司的多级系统组成，各司其职，完成综合管理功能。上述分析表明，主站系统是以网络作为系统的信息交换媒介，采用基于网络的对时方式是其首选，而且 NTP 或 SNTP 可以满足其精度要求，在需要高精度授时的应用场合可以采用 PTP，实现全网时间同步；另外，可以采用 IRIG-B 码的特殊形式 DCLS 时间码，通过数字通道传输。

在本文的设计中，可以接收来自 RS-232 和 RS-485 两路串口的时间报文，因此在软件设计中也将涉及两种串口报文接收程序，分别实现 RS-232 和 RS-485 串口报文的接收，其中，使用 UART1 来接收 RS-485 的串口报文，使用 UART2 来接收 RS-232 的串口报文。为了保证时间报文的帧头 S 与秒脉冲 1PPS 的前沿对齐，将 1PPS 信号作为串口接收的使能。当 RS-232 或 RS-485 串口中断到来时，首先判断是否有数据输入，若有，启动计数器，计数器为 0 时，判断接收到的串口报文是否为 S，是则计数器加 1，否则退出。计数器为 1 时，判断接收到的串口报文是否为"T"，是则计数器加 1，否则退出。接收到正确的帧头 ST，串口继续发送有效数据，依次接收串口数据，并进行计数器加 1 操作，直至计数器值为 18，判断此时接收到的串口报文是否为"A"，若是，则数据包接收结束，否则是无效的数据包，丢弃，重新接收。串口报文接收流程具体步骤如图 4-2 所示。

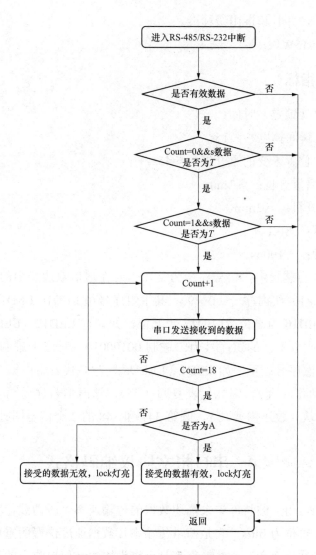

图 4-2　串口报文对时接收流程

4.3　串口报文对时技术参数

4.3.1　环境要求

工作温度：−10～60℃；贮存温度：−40～80℃。

4.3.2　电气要求

电源：交流 220V±10%，47Hz、63Hz 或直流 110V/220V。

电磁兼容性：符合，GB/T 13926—1992《工业过程测量和控制装置的电磁兼容性》

中有关规定的要求，并且超过Ⅲ级标准。

功耗：不大于15W。

4.3.3 性能指标

（1）捕获卫星（锁定）时间：

1）热开机：（瞬间掉电）≤15s。

2）冷开机：（位置未变的重开机）≤45s。

3）位置改变后重开机：≤1min。

4）本地首次开机：≤2min。

（2）位置精度：±0.1。

（3）时间精度：±100ns。

而在一般的电力装置中，信号序号为某一信号在遥信双边表中的位置，信号序号=组序号（0…255）×10+组内序号（0…9），其中组序号由LED10-LED17共同以8位二进制的形式表示，LED10为高位，LED17为低位，如只有LED12、LED16亮时（即只有I/O16和I/O17为低电平）的组序号为二进制00100010，对应十进制34。组内序号以LDE0-LED9的自然序号表示，如LED1和LED8同时亮代表组内第2和第9信号同时出现，常亮代表动作（合），闪烁代表复归（分），这时信号序号为34×10+2=342，和34×10+9=349，若从0数还需要减1，既第341和348的2个信号同时动作。

4.4 串口报文协议编码格式

在串行通信中，用"波特率"来描述数据的传输速率。所谓波特率，就是每秒钟传送的二进位制数，单位为bit/s，它是衡量传输串行数据速度快慢的重要指标。大多数串行接口电路的接受波特率和发送波特率都是可以设置的，但接收方的接受波特率必须与发送方发送的波特率相同。时间报文输出的数据传输速率默认为9600bit/s，1位起始位，8位数据位，无校验位，1位停止位。具体报文信息格式如表4-1所示。

表4-1 报 文 信 息 格 式

位	S	T	h	h	m	m	s	s	D	D	M	M	Y	Y	Y	Y	A
名称	同步标志	帧头	时十位	时个位	分十位	分个位	秒十位	秒个位	日十位	日个位	月十位	月个位	年千位	年百位	年十位	年个位	标准时结束

在上面的图中我们可以看出，帧头S与脉冲（IPPS）的前沿对齐，设备收到准确的时间信号则发送字符S，设备失步就停发字符S，S的ASCII码为53H；字符T为发送

时间信息的信息头，T 的 ASCII 码为 54H；然后依次是小时的十位与个位、分钟的十位与个位到年的个位信息，分别为 0～9 的 ASCII 码（30H～39H）；字符 A 为发送时间信息的信息结尾，A 的 ASCII 码为 41H。

4.4.1 时间报文输出

在时间报文输出的过程中，为了保证时间报文的帧头 S 与秒脉冲（1PPS）的前沿对齐，将 1PPS 信号作为串口输出的使能。当 IPPS 为高电平时，利用系统时钟分频产生 9600 波特率的时钟信号，并且按照帧格式开始发发送数据；当 1PPS 为低电平时，停止发送。时间报文输出如图 4-3 所示。

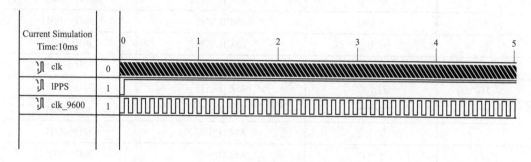

图 4-3　时间报文输出

利用 9600 波特率的时钟，按照 1 位起始位，8 位数据位，无校验位，1 位停止位的帧格式发送时间信息，如图 4-4 所示为"ST092"时间报文波形仿真。

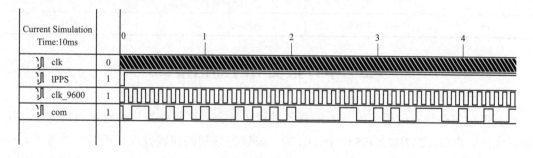

图 4-4　"ST092"时间报文波形

4.4.2 串口报文格式

在一般情况下，串口报文输出主要有以下 3 种格式，具体分析如下：

（1）数据格式：数据位 8 位，1 位起始位，1 位停止位，无奇偶校验。

（2）校验字节：异或非校验，校验数据位校验帧头＜T＞之后，校验字节之前的 ASCII 字符数据。

（3）信息格式：每秒发送一次，格式如表 4-2 所示。

表 4-2   信 息 格 式

字节符号	含义	内容	取值范围
1	同步标志	<S>时钟装置正常接收到外部时间基准信号	<S>---53H
2	帧头	<T>	<T>----54H
3	时十位	ASCII 字符	30H～36H
4	时十位	ASCII 字符	30H～39H
5	分十位	ASCII 字符	30H～36H
6	分十位	ASCII 字符	30H～39H
7	秒十位	ASCII 字符	30H～36H
8	秒十位	ASCII 字符	30H～39H
9	日十位	ASCII 字符	30H～33H
10	日十位	ASCII 字符	30H～39H
11	月十位	ASCII 字符	30H～31H
12	月个位	ASCII 字符	30H～36H
13	年十位	ASCII 字符	30H～39H
14	年百位	ASCII 字符	30H～39H
15	年十位	ASCII 字符	30H～39H
16	年个位	ASCII 字符	30H～39H
17	校验字节	异或非校验,校验数据位校验帧头<T>之后,校验字节之前的 ASCII 字符数据	00H～FFH
18	标准时结束	ASC 字符,"A"	41H

4.5 串口报文对时通信接口

在串口把平稳对时通信时,系统联调过程经常会遇到硬件接口的对接调试问题,比如以太网、串口(232/422/485)、1553B 等,虽然把遇到的问题处理并不是一件难事,但当遇到多种接口并存,接口协议不定的情况下,仔细设计一个好的结构,较好容纳所涉及的接口就显得非常必要。应用程序所关心的是通倍数据,用什么样的方式传输数据不是应用程序最关心的,而是应用程序在开发过程中要去熟悉各种硬件的通信方式。如果通信方式或协议有所改变,应用程序又需要重新编程,这给应用程序移植工作带来不便。解决这一难题方法之一是整理出各种通信的共同特性,把它们各自具体通信特点封装起来,形成统一的应用程序接口,使应用程序只对报文进行处理,并补偿。

通信接口(communication interface)是指中央处理器和标准通信子系统之间的接口,如 RS2-32 接口。RS-232 接口就是串口,电脑机箱后方的 9 芯插座,旁边一般有"|O|O|"标识。一般机箱接口有两个,新机箱有可能只有一个。笔记本电脑有可能没有。有很多

工业仪器将它作为标准通信端口。通信的内容与格式一般附在仪器的用户说明中。

4.5.1　类别

计算机与计算机或计算机与终端之间的数据传送可以采用串行通信和并行通信二种方式。由于串行通信方式具有使用线路少、成本低，特别是在远程传输时，避免了多条线路特性的不一致而被广泛采用。在串行通信时，要求通信双方都采用一个标准接口，使不同的设备可以方便地连接起来进行通信。

RS-232-C 是美国电子工业协会（Electronic Industry Association，EIA）制定的一种串行物理接口标准。RS 是英文"推荐标准"的缩写，232 为标识号，C 表示修改次数。RS-232-C 总线标准设有 25 条信号线，包括一个主通道和一个辅助通道，在多数情况下主要使用主通道，对于一般双工通信，仅需几条信号线就可实现，如一条发送线、一条接收线及一条地线。RS-232-C 标准规定，驱动器允许有 2500pF 的电容负载，通信距离将受此电容限制，例如，采用 150pF/m 的通信电缆时，最大通信距离为 15m；若每米电缆的电容量减小，通信距离可以增加。传输距离短的另一原因是 RS-232 属单端信号传送，存在共地噪声和不能抑制共模干扰等问题，因此一般用于 20m 以内的通信。

RS-485 总线，在要求通信距离为几十米到上千米时，广泛采用 RS-485 串行总线标准。RS-485 采用平衡发送和差分接收，因此具有抑制共模干扰的能力。加上总线收发器灵敏度高，能检测低至 200mV 的电压，故传输信号能在千米以外得到恢复。RS-485 采用半双工工作方式，任何时候只能有一点处于发送状态，因此，发送电路须由使能信号加以控制。RS-485 用于多点互联时非常方便，可以省掉许多信号线。应用 RS-485 可以联网构成分布式系统，其允许最多并联 32 台驱动器和 32 台接收器。

4.5.2　一般规定要求

（1）接口的信号内容。实际上 RS-232-C 的 25 条引线中有许多是很少使用的，在计算机与终端通信中一般只使用 3～9 条引线。RS-232-C 最常用的 9 条引线的信号内容。

（2）接口的电气特性在 RS-232-C 中任何一条信号线的电压均为负逻辑关系，即逻辑"1"，–5～15V；逻辑"0"+5～+15V。噪声容限为 2V，即要求接收器能识别低至+3V 的信号作为逻辑"0"，高到–3V 的信号作为逻辑"1"。

（3）接口的物理结构 RS-232-C 接口连接器一般使用型号为 DB-25 的 25 芯插头座，通常插头在 DCE 端，插座在 DTE 端。一些设备与 PC 机连接的 RS-232-C 接口，因为不使用对方的传送控制信号，只需三条接口线，即发送数据、接收数据和信号地。所以采用 DB-9 的 9 芯插头座，传输线采用屏蔽双绞线。

（4）传输电缆长度由 RS-232C 标准规定在码元畸变小于 4%的情况下，传输电缆长度应为 50 英尺，其实这个 4%的码元畸变是很保守的。在实际应用中，约有 99%的用户是按码元畸变 10%～20%的范围工作的，所以实际使用中最大距离会远超过 50 英尺，美国 DEC 公司曾规定允许码元畸变为 10%而得出的实验结果。其中 1 号电缆为屏蔽电缆，型号为 DECP.N.9107723 内有三对双绞线，每对由 22# AWG 组成，其外覆以屏蔽网。2 号电缆为不带屏蔽的电缆。

4.5.3 装置使用的决定方式

以往，PC 与智能设备通信多借助 RS-232、RS-485、以太网等方式，主要取决于设备的接口规范。但 RS-232、RS-485 只能代表通信的物理介质层和链路层，如果要实现数据的双向访问，就必须自己编写通信应用程序，但这种程序多数都不能符合 ISO/OSI 的规范，只能实现较单一的功能，适用于单一设备类型，程序不具备通用性。在 RS-232 或 RS-485 设备联成的设备网中，如果设备数量超过 2 台，就必须使用 RS-485 做通信介质，RS-485 网的设备间要想互通信息只有通过"主（Master）"设备中转才能实现，这个主设备通常是 PC，而这种设备网中只允许存在一个主设备，其余全部是从（Slave）设备。而现场总线技术是以 ISO/OSI 模型为基础的，具有完整的软件支持系统，能够解决总线控制、冲突检测、链路维护等问题。

4.6 串口报文对时技术优缺点与应用前景

4.6.1 串口报文对时技术的优点

（1）采用单独组屏，扩展灵活，便于管理。

（2）多时间源可供选择，除采用 GPS 系统外，还可选用我国的北斗星系统，可靠性更高。

（3）采用对值班人员透明化设计，时间显示、卫星通道状态、工作状态的指示一目了然。

（4）主时钟和扩展时钟采用冗余配置，自动无扰切换。

（5）主时钟和扩展时钟内部有高精度时间自保持单元，精度为 $7×10^{-9}$。

（6）多种对时规约，可由用户要求指定。

（7）精美标准 19U 型（2U 或 4U）架装式机箱，采用标准电力机柜组屏。

（8）授时精度高，最高精度达 30ns。

（9）有多种对时方式，可灵活配置，支持硬对时（PPS、PPM、PPH）、软对时（串口报文）、编码对时（IRIG-B、DCF77）和网络 NTP 对时，可以满足国内外不同设备的授时接口要求。

（10）装置的所有时钟信号输出均经过光电隔离，抗干扰能力强。

（11）性价比高，应用广泛。

（12）授时精度高。

（13）完全保证数据安全性，可设置同一个网段或者不同网段。

（14）支持多种流行的时间发布协议。

（15）整体功耗小，采用无风扇设计，运行可靠、稳定。

4.6.2 串口授时的缺点

当前在变电站中，基于精度要求和成本考虑，广泛采用以 GPS 作为全站的时钟源，多种对时方式共同存在的结构。例如，在合并单元输出秒脉冲形式的采样信号，保护和测控设备通过 IRIG-B 码对时等。这种变电站对时方式在实际运用中暴露出以下缺陷：

（1）线路冗杂。常规变电站具有线路冗余的特点，不同的设备传递信号时都要通过特定的接线。作为为变电站内各个设备提供对时信息的同步时钟源，GPS 接收机要与各个对时设备进行连接，并且不同的对时设备其使用的电缆也不同。随着变电站规模的不断扩大，对时电缆的数量迅速增加，接线方式日趋复杂，同步时钟源的精度需求和数量需求都大大增长。变电站中线路的布置、维修、扩展都受到了极大的挑战。

（2）接口不匹配。作为变电站的时钟源，GPS 接收机的时间信号一般是通过标准接口输出，而变电站中各类设备其设置接口也标准各异。不同时期，不同厂商的设备难以配置齐全的接口，这就为变电站中各设备的对时增加了困难。在实际使用中，最普遍的情况是，多个类型不同的设备需要同一个时钟源为其提供时间，因此 GPS 接收机上需要设有多个不同的接口，或是连接扩展箱，才能使 GPS 接收机与每个对时设备实现点对点的对时。扩展箱的连接可能会造成传输过程中的延时，同时经济性与便捷性也较差。随着用电需求的不断扩大，这种对时方式也并不利于变电站的扩展。

（3）设备尚未兼容。变电站中一般有多个类型，多个厂家生产的设备，如保护、测控、计量装置。这些设备一般有彼此独立的同步模块。不同设备的模块根据其设备的作用，算法的不同，其对时精度也不同。同步模块由于在不同的设备中，彼此联系时，在电缆上还会造成一定的误差。变电站长时间运行时，这些误差经过累积，会对变电站内的对时产生不良影响。

（4）需要占用计算机额外的串口或（在使用 USB 口转串口数据线的情况下）。

（5）由于串口接口有限，只能在少数的计算机之间进行同步。

（6）串口接口的传输距离非常有限，只能在比较近距离范围内进行通信同步。

站控层设备如通信服务器由于负载过重或者设计缺陷，导致时间报文发送、接受、存储、转发等环节存在较多误差，必须通过提高对时机制的优先级别来确保对时间精度，间隔层设备也需要准确接受串口报文对时技术。

串口报文对时的方法，在常规变电站中已经成熟运用。随着数字化变电站逐步取代常规变电站，对时方式也在向网络对时发展。当前在国内外的数字化变电站中广泛应用的是网络时间协议和简单网络时间协议。基于上述两种协议，完成变电站内，以及大系统内多个变电站的对时。目前，基于网络时间协议和简单网络时间协议的时间同步已经能够控制在几个毫秒之内。网络对时是今后数字化变电站对时方法的发展趋势，对网络对时的精度要求不断提高。

在实际的数字化变电站中，采取何种对时方式，不仅要考虑同步精度的要求，还要考虑经济性的要求。一般情况下，两者要同时满足。变电站内可以采用某一种对时方式，也可以多种对时方式在变电站内共存。

由于各个自动化装置对时间精度要求不同，独立配置的时钟之间性能差异较大。同时，受雷电天气等影响，GPS 接收机定时性能的劣化降质难以发现，造成全厂站各系统不能在统一时间基准下进行数据分析。此外，不少厂站安装 GPS 天线不合规范，如没配置专用避雷针、馈线没有加铠装外套（易出现被老鼠咬断的可能）。电网中的 GPS 同步时钟，常被看作是自动装置实现时间同步功能的附属部件，即使是独立购买的时间同步设备，在建设费用不多的情况下，往往仅采用简易的 GPS 接收装置和内置精度不高的晶振时钟作为基准时间同步源，造成实际应用当中的对时误差较大。在没有发生重大事故前，时间同步重要性往往被忽视，没有明确专门的管理部门和专责人员，造成 GPS 时钟在配备、管理、运行维护等方面存在种种问题。此外，为满足数字通信网络正常运行，已经建设了南方五省份区分级的主从频率同步网，也是采用 GPS 时钟实现频率同步。因此，某些厂站存在频率和时间两种主时钟重叠建设的现象。

从面的优缺点分析可以看出，虽然串口存在一些缺点，但从优点来看用在一些物理隔离的计算机，或物理隔离的网络与网络之间，或无网络的或网络资源比较紧张的少数几台近距离的计算机之间的时间同步通信是非常合适的。

串口通信可以根据实际情况进行配置，但一定要保证客户端和服务器端一致，另外要注意的一点，最好将奇偶校验关闭，一是为了保证时间同步的精度，因为在 mscomm 方式的通信中，奇偶校验不是由用户做的，如果出错重传的话，将很难知道正确的延迟。

站控层设备如通信服务器由于负载过重或者设计缺陷，导致时间报文发送、接受、存储、转发等环节存在较多误差，必须通过提高对时机制的优先级别来确保对时间精度，间隔层设备也需要准确接受串口报文对时技术。

4.6.3　发展前景

在未来，电力行业会更进一步迅速发展，与其相关的自动化产品亦不断增长，在电力系统的许多领域，诸如时间顺序记录、继电保护、故障测距、电能计费、实时信息采集等等都需要有一个统一的、高精度的时间基准。如"线路行波故障测距装置""雷电定位系统"等时间同步精度需要达到 μs 级的要求；"变电站监控系统""配电网自动化系统"等自动化控制和监测类设备时间同步精度需要达到 ms 级的要求。1588 技术可广泛应用于电力设备。

而电力系统对统一时间的要求愈来愈迫切，高精度、高可靠的时间同步网已经成为现代化电力系统稳定运行的重要基础。

作为数字通信网的基础支撑技术,时钟同步技术的发展演进始终受到通信网技术发展的驱动。在网络方面,通信网从模拟发展到数字,从 TDM 网络为主发展到以分组网络为主;在业务方面,从以 TDM 话音业务为主发展到以分组业务为主的多业务模式,从固定话音业务为主发展到以固定和移动话音业务并重,从窄带业务发展到宽带业务等等。在与同步网相关性非常紧密的传输技术方面,从同轴传输发展到 PDH、SDH、WDM 和 DWDM,以及最新的 OTN 和 PTN 技术。随着通信新业务和新技术的不断发展,其同步要求越来越高,包括钟源、锁相环等基本时钟技术经历了多次更新换代,同步技术也在不断地推陈出新,时间同步技术更是当前业界关注的焦点。

综上所述,微型化、低功率芯片级原子钟的出现,无疑是时钟技术领域的一次划时代而具有冲击力的大革命;而通用定时接口技术、光纤时间同步网技术的推出,也为同步网技术的发展注入了新的生命力。鉴于我国在高精度时间同步方面的研究已走在国际前列,后续应在同步新技术方面积极开展研究。

5

脉冲对时技术

5.1　脉冲对时概念与发展历程

脉冲对时也称硬对时，是指时间同步系统每隔一定时间间隔输出一个精确的，具有一定脉宽的同步脉冲信号，被授时设备在接收到同步脉冲信号后进行对时，利用上升沿或下降沿，来校准内部时钟，以消除设备内部时钟的偏差，达到时间同步的目的。

脉冲信号包括 PPS（秒脉冲）、PPM（分脉冲）、PPH（时脉冲）和 PPD（可编程脉冲）等，在整秒、整分、整时的时候，信号作用于被授时设备的时钟清零，实现时间同步。

5.2　脉　冲　对　时　原　理

秒脉冲是利用 GPS 或北斗卫星系统的标准时钟输出的每秒一个脉冲方式进行时间同步校准，被授时设备获得与 UTC 同步的时间准确度较高，要求秒脉冲上升沿的时间误差不超过 1s。秒脉冲对时方式示意图如图 5-1 所示

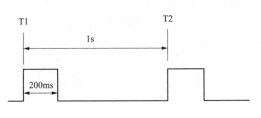

图 5-1　秒脉冲对时方式示意图

分脉冲是利用 GPS 或北斗卫星系统的标准时钟输出每分钟一个脉冲方式进行时间同步校准，被授时设备获得与 UTC 同步的时间准确度较高，要求分脉冲上升沿的时间误差不超过 3s。分脉冲对时方式示意图如图 5-2 所示。

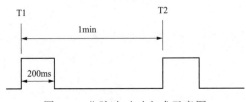

图 5-2　分脉冲对时方式示意图

5.3　脉冲对时技术优缺点与应用前景

脉冲对时的优点是秒脉冲以信号以每秒为单位发送一个同步脉冲，接收装置以接收该信号为基准进行清秒处理，在下一秒脉冲之前到来之前保证自身节点具备一定精度守时功能，同时脉冲对时采用点到点硬对时方式，可以获得较高的时间同步精度（可达到纳秒级）。

脉冲对时的缺点是智能校准到秒，不能保证被授时设备分、时、日、月、年信息的准确性，被授时设备需预先设置好正确的时间信息基准，当主时钟与被授时设备时钟时间相差太大时，无法使用脉冲对时来校准分钟及以上的时间误差。

5.4　卫星授时技术简介

目前全球共有四大导航系统，分别是美国的（global positioning system，GPS），俄罗斯的格勒纳斯 GLONASS、欧洲的"伽利略"Galileo 及中国的北斗卫星导航系统。

美国的 GPS 是目前技术最成熟、应用最广泛的全球定位系统，它主要由空间卫星星座、地面监控站及用户设备三部分构成。空间卫星星座由 21 颗工作、3 颗备用卫星组成，分布在 6 个等间距、相对赤道夹角 55°的轨道面上，轨道高 2.01836 万千米，接近圆形，运行周期 12h；地面控制部分由一个主控站，5 个全球监测站和 3 个地面控制站组成；用户设备由 GPS 接收机、数据处理软件及其终端设备（如计算机）等组成。GPS 能覆盖全球，用户数量不受限制。其所发射的信号编码有精码与粗码。精码保密，主要提供给本国和盟国的军事用户使用；粗码提供给本国民用和全世界使用。精码给出的定位信息比粗码的精度高。

俄罗斯的 GLONASS 系统的组成和空间卫星数量与 GPS 相同，卫星分布在 3 个轨道平面上，轨道高度 1.91 万 km，运行周期 11.4h。目前该卫星星座只有 8 颗能够正常运行，处于降效工作状态，所以该系统的精度要低于 GPS 系统。欧洲的 Galileo 系统计划由 30 颗空间卫星、2 个地面控制中心及用户层组成，空间卫星中 27 颗工作、3 颗备用，轨道数量 3 个，与赤道倾角 56°，高度 24126km。欧盟计划投资 36 亿欧元，在 2008 年建成可超越美国 GPS 的全球商业民用卫星导航定位系统，但到目前为止，原计划因为各种原因被一再推迟，其全部服务可能在 2020 年前都无法全部提供。

由于 GLONASS 系统的局限性、Galileo 系统的不确定性，以及我国研究卫星导航技术起步晚、终端研究难度大、民用终端设备不成熟等原因，导致当前我国包括电力行业在内的很多涉及国家安全的关键领域都依赖 GPS 系统定位和授时，这种现象会使国家安全生产面临重大威胁，而由于 GPS 对外只提供粗码服务，再加其他技术条件的局限，导致全局性同步时间精度不够。在此环境下，我国立志要建成并拥有我国自主研制的卫星导航定位系统。

由于 GLONASS 系统的局限性、Galileo 系统的不确定性，以及我国研究卫星导航技术起步晚、终端研究难度大、民用终端设备不成熟等原因，导致当前我国包括电力行业在内的很多涉及国家安全的关键领域都依赖 GPS 系统定位和授时，这种现象会使国家安全生产面临重大威胁，而由于 GPS 对外只提供粗码服务，再加其他技术条件的局限，导致全局性同步时间精度不够。在此环境下，我国立志要建成并拥有我国自主研制的卫星导航定位系统。斗卫星系统是我国自主研制的卫星导航定位和通信系统，具有首次定位快、无通信盲区、保密性强等特点。2008 年 9 月，国家电网公司选择华东电网公司作为北斗卫星授时系统的试点，以华东电网调度中心为全网电力系统时间同步监测控制系统的总控中心，实现了华东电网全网系统的时间同步。从 2009 年开始国家电网公司大力支持国家民族产业，标准规范中规定新建变电站要 GPS 加北斗双模授时模式，逐年改造老旧变电站。2010 年 3 月，"基于北斗卫星授时的电力系统全网时间同步管理系统"在我国首次引入数字化变电站系统，2011 年开始南方电网公司也对北斗授时进行了规范要求，开辟了北斗卫星授时系统在智能电网建设中应用的新纪元。

电力系统采用北斗卫星授时技术，实现电网时间同步管理，结束了我国电力系统长期依赖美国全球卫星定位系统（GPS）的历史，同时北斗系统在国内电力系统的应用越来越广泛，包括电力系统暂态稳定性预测和控制，动态波动模型修正，频率和电压的监控，电网低频振荡的分析和抑制，故障定位等方面，同时北斗系统还增加了通信功能，这是 GPS 不具备的，可以方便主站与故障点之间通信方面将更加便利，快捷。多所高校、研究所及相关企业都对北斗系统提高定位精度算法、信号发射、信号处理和信号接收设备方面展开了较多的研究，例如：北斗星通、国防科技大学、上海申贝科技有限公司等，也开发出了多种导航接收设备，得到了一定的推广和应用。

5.5　北斗/GPS 双模授时技术

随着科学技术的发展，对授时系统的精度要求越来越高。如在火箭发射、卫星跟踪、海洋测量、大地测量、飞机和船舶的导航、科学技术研究、地震预报以及国防建设等领域，要求授时精度高达微秒甚至几十毫微秒。目前常见的授时技术主要有三种一、利用搬运原子钟作为时钟基准二、利用卫星授时系统提供的秒脉冲信号三、利用北斗卫星授时系统提供的秒脉冲信号。而利用北斗双模时间同步技术，不仅可以在很大程度上保证同步质量，而且还可以提高同步精确度。

5.5.1　GPS 系统基本介绍

GPS 卫星全球定位系统是目前最成熟的卫星导航定位系统。它采用"多星、高轨、高频、测时、测距"体制，信号具有全球覆盖，全天候工作、昼夜连续而实时地为无限多的用户提供高精度七维信息三维位置，三维速度和精密时间的能力。GPS 由空间部分、地面监控站和用户设备三大部分组成。

（1）空间部分由 24 颗卫星构成，卫星位于 6 个地心轨道平面内，每个轨道面 4 颗卫星。卫星的额定轨道周期是半个恒星日，即 11 小时 58 分。各轨道接近于圆形，偏心率为 0.01，而且沿赤道以 60°间隔均匀分布，相对于赤道面的倾斜角额定为 55°。轨道半径即从地球质心到卫星的额定距离大约为 2600km。位于地平线以上的卫星数随时间和地点的不同而不同，最少可见 4 颗，最多可见 11 颗，满足三维定位解算条件。GPS 卫星的作用是接收地面注入站注入的导航电文和其他相关信息，通过 L 波段的两个频率（L1 为 1575.42MHz 和 L2 为 1227.60MHz）向广大用户连续不断地发送导航电文信息。

（2）地面监控站由一个主控站、三个数据注入站和五地面监测站组成。主要作用是跟踪观测卫星，计算编制卫星星历，检测和控制卫星的"健康"状态，保持精确的时间，向卫星注入导航电文和控制指令等。

（3）用户设备主要由各类接收机及其必要的辅助设备所组成。其主要功能是接收卫星广播的信号，测量观测值，解扩解调导航电文，经过软件计算和处理后完成定位、授时工作。

GPS 系统属于无线电导航定位系统，用户只需通过接收设备接收卫星播发的信号，就能测定卫星信号的传播时间延迟或相位延迟解算接收机到 GPS 卫星间的距离称为伪距，确定接收机位置及时间正数。为了满足用户定位精度和实时导航定位及军事保密的要求，GPS 卫星信号采用了组合码调制技术。即将卫星导航电文称为基带信号经伪随机码扩频成为组合码，再对频段的载波进行调制。GPS 导航定位系统采用了两种伪随机码，一种用于分址、搜捕卫星信号、粗测距、具有一定抗干扰能力的明码，并提供民用，称为 C/A 码；另一种用于分址、精密测距、具有较强的抗干扰能力的军用密码，称为 P 码。采用这种格式不仅提高了系统导航定位的精度，并且使系统有很高的抗电子干扰能力和极强的保密能力。

5.5.2 GPS 定位与授时原理

（1）GPS 定位原理。GPS 定位的基本原理是根据高速运动的卫星瞬间位置作为已知起算数据，采用空间距离后方交会的方法，确定待测点的位置。定位原理如图 5-3 所示。

假设 t 时刻在地面待测点上安装GPS接收机，接收机本地时钟对 GPS 时间的钟差为 Δt，再加上接收机所接收到的卫星星历等其他数据可以确定以下四个方程式，即

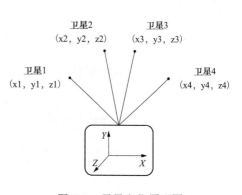

图 5-3　卫星定位原理图

$$\begin{cases} R_1^* = \sqrt{\left(X_0 - X_1\right)^2 + \left(Y_0 - Y_1\right)^2 + \left(Z_0 - Z_1\right)^2} + c\Delta t \\ R_2^* = \sqrt{\left(X_0 - X_2\right)^2 + \left(Y_0 - Y_2\right)^2 + \left(Z_0 - Z_2\right)^2} + c\Delta t \\ R_3^* = \sqrt{\left(X_0 - X_3\right)^2 + \left(Y_0 - Y_3\right)^2 + \left(Z_0 - Z_3\right)^2} + c\Delta t \\ R_4^* = \sqrt{\left(X_0 - X_4\right)^2 + \left(Y_0 - Y_4\right)^2 + \left(Z_0 - Z_4\right)^2} + c\Delta t \end{cases} \tag{5-1}$$

式中：X_0、Y_0、Z_0 和 Δt 为待测点坐标（未知参数）；$R_i^*(i=1,2,3,4)$ 分别为卫星 1、卫星 2、卫星 3、卫星 4 到接收机之间的伪距实测值；c 为 GPS 信号的传播速度即光速；X_0、Y_0、Z_0 分别为待测坐标的空间直角坐标系；X_i、Y_i、Z_i($i=1,2,3,4$) 分别为卫星 1、卫星 2、卫星 3、卫星 4 在时刻的空间直角坐标系；Δt 为接收机本地时钟相对 GPS 时间的钟差。

根据式（5-1）中的方程组，即可得到接收机的位置坐标。目前 GPS 系统提供的定位精度为 10m，而为得到更高的定位精度，我们通常采用差分 GPS 技术，将一台 GPS 接收机安置在基准站上进行观测。根据基准站已知精密坐标，计算出基准站到卫星的距离改正数，由基准站实时将这一数据发送出去。用户接收机在进行 GPS 观测的同时，也接收到基准站发出的改正数，并对其定位结果进行改正，从而提高定位精度。

（2）GPS 授时原理。协调世界时（UTC）是一种以原子钟秒长为基础，在时刻上尽量接近世界时的一种折中的时间系统。它的秒长严格等于原子秒长，采用闰秒修正的方法使其与世界时相接近。它是目前世界各国时号播发的基础。

GPS 时是全球卫星定位系统建立的专用时间系统，它由主控站里的一组高精度原子钟所控制。GPS 时也属于原子时系统，其秒长与 UTC 相同。但 GPS 时是一种的连续计时系统，不包含闰秒修正，它与 UTC 的时刻规定于 1980 年 1 月 5 日 0 时相同。其后，随着时间的积累，两者之间的差异表现为秒的整数倍。可以说 GPS 时和 UTC 是两种既相关又不同的时间尺度。由于 GPS 时与 UTC 是一种相关的时间系统，其偏差已包括在导航电文中，因此，用户接收机给出的时间一般都是同步到 UTC 后的结果。根据上面公式中的方程，按 Δt 修正接收机本地时钟就可实现与 GPS 时间的同步。图 5-4 给出了 GPS 时间测量原理。

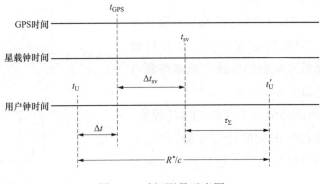

图 5-4　时间测量示意图

图 5-4 中，Δt 为用户本地时钟相对 GPS 时间的真时差，即

$$\Delta t = R^* / c - (t'_{U} - t_{GPS}) \tag{5-2}$$

式中：t_{GPS} 为用户接收机收到的 GPS 时刻信号；t'_{U} 为 GPS 信号到达接收机时的用户钟时刻；R^* 为伪距，可直接测得；c 为光速。

由图 5-4 容易得到

$$R^* / c = \Delta t + \Delta t_{SV} + \tau_{\Sigma} \tag{5-3}$$

式中：Δt_{SV} 为星载钟相对于时间的时差；τ_{Σ} 为卫星到地面接收机的总时延。

$$\tau_{\Sigma} = \tau_{R} + \tau_{i} + \tau_{t} + \tau_{r} \tag{5-4}$$

式中：τ_{R} 为卫星至接收机距离的时延；τ_{i} 和 τ_{t} 分别为由电离层和对流层引入的附加时延；τ_{r} 为接收机天线、天线电缆及接收机本身引入的设备时延。

τ_{R}、τ_{i} 和 τ_{t} 可以从导航电文中提供的数据算得，可求得用户钟相对于时间的真时差 Δt。修正接收机本地时钟就可实现与 GPS 时间的同步。

5.5.3 北斗卫星系统基本原理

北斗卫星导航定位系统又被称为双星卫星导航定位系统，由 1 个地面控制中心站、若干个地面监测站和 2 个位于地球赤道上空的同步轨道卫星所组成。其服务范围包括中国内地、台湾地区、南沙及其岛屿、中国海和日本海、太平洋部分海域及我国部分周边地区。

北斗卫星导航定位系统由两颗卫星组成另有颗备份星，第一颗卫星于 2000 年 10 月 31 日发射成功，并于 11 月 24 日通过在轨测试，定点在（140°E，0，36000km）（36000km 为轨道高度）的地球同步轨道，2000 年 12 月 21 日第 2 颗北斗导航卫星发射成功，并定点在（80°E，0，36000km）与第颗北斗导航卫星一起构成了北斗导航定位系统。于 2003 年 5 月 25 日发射第 3 颗星备份星，定点于（110.5°，0，36000km）。

北斗卫星导航定位系统是我国自主研制的区域性有源三维卫星导航定位通信系统。能够满足国内卫星导航定位需求，可以对我国领土、领海及周边地区进行定位及授时定时且可以实现各用户之间、用户与中心控制站之间的简短报文通信是全天候、全天时提供卫星导航信息的区域导航定位系统。

（1）北斗卫星系统组成。北斗卫星导航定位系统由空间部分 3 颗地球同步卫星、地面控制管理部分 1 个中心控制站、33 个定位标校站，其中 7 个定位标校站与定轨标校站并置、用户终端 3 大部分组成。

1）空间部分通常有两颗地球同步卫星同时工作，另一颗为在轨备份卫星，每颗星均主要由 C/S 和 L/C 两个转发器组成。北斗卫星系统在国际电信联盟登记的频段为卫星无线电定位业务频段，上行为 L 频段，下行为 S 频段。空间卫星的任务是完成中心控制系统和用户收发机之间的双向无线电信号转发。卫星上主要载荷是变频转发器、S 波段天线（两个波束）和波段天线（两个波束）。

2）地面控制管理部分中心控制站位于北京，是整个系统的管理控制处理中心。具有全系统信息的产生、搜集、处理与状况测控等功能。中心控制站由 5 个分系统组成信号收发分系统、信息处理分系统、监控分系统、时统分系统、测试分系统。它的主要任务是产生并向用户发送询问信号和标准时间信号即出站信号，接收用户响应信号即入站信号确定卫星实时位置，并通过出站信号向用户提供卫星位置参数向用户提供定位和授时服务，并存储用户有关信息转发用户间通信信息或与用户进行报文通信监视并控制卫星有效载荷和地面应用系统的状况对新入网用户机进行性能指标测试与入网注册登记根据需要临时控制部分用户机的工作和关闭个别用户机可根据需要对标校机有关工作参数进行控制等。一切计算和处理都集中在中心站完成，中心站是双星定位系统的中枢。而多个标校站分布于全国各地，每个标校站均设置于已知精确位置的固定点上，用于对整个工作链路中各环节的时延特性进行监测和标校处理。

3）用户终端用户机是整个系统的定位定时和通信终端，可用于陆地、海洋和空中的各种用户，满足用户对导航定位、定时授时及通信方面的需求。主要任务是接收中心站经卫星转发的询问测距信号，经混频和放大后注入有关信息，并由发射装置向两颗或一颗卫星发射应答信号。根据执行任务的不同，用户终端分为通信终端、卫星测轨终端、差分定位标校站终端、气压测高标校站终端、校时终端和集团用户管理站终端等。

（2）北斗卫星系统定位原理。北斗卫星导航定位系统的基本工作原理是"双星定位"。以 2 颗在轨卫星的已知坐标为圆心，各以测定的卫星至用户终端的距离为半径，形成 2 个球面，用户终端位于这 2 个球面交线的圆弧上。地面中心站配有电子高程地图，提供一个以地心为球心、以球心至地球表面高度为半径的非均匀球面。用数学方法求解圆弧与地球表面的交点即可获得用户的位置，如图 5-5 所示。

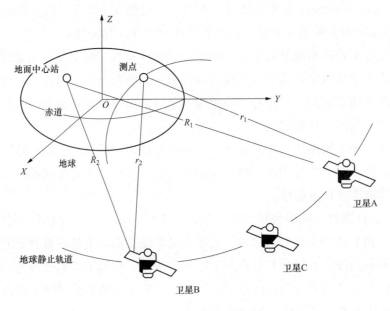

图 5-5　北斗卫星定位原理

设地面中心站通过两颗卫星向定位目标发送询问信号，定位目标再通过卫星向地面中心发回应答信号的总时间为 t_1、t_2，两颗卫星与地面中心站的斜矩为 R_1、R_2，测点与两颗卫星的斜距为 r_1、r_2，则可通过式（5-5）求解出 r_1、r_2，即

$$\begin{cases} c \times t_1 = 2 \times (r_1 + R_1) \\ c \times t_2 = 2 \times (r_2 + R_2) \end{cases} \quad (5\text{-}5)$$

其中 c 是光速，由于北斗卫星是静止轨道卫星，卫星与地面站的斜矩 R_1、R_2 是已知的，则

$$\begin{cases} r1 = \sqrt{(X-X_1)^2 + (Y-Y_1)^2 + (Z-Z_1)^2} \\ r2 = \sqrt{(X-X_2)^2 + (Y-Y_2)^2 + (Z-Z_2)^2} \end{cases} \quad (5\text{-}6)$$

其中两颗卫星的空间坐标 (X_1, Y_1, Z_1)，(X_2, Y_2, Z_2) 是已知的，测点的高度 Z 由地面中心站提供，则可求出两个未知数 X，Y 即测点的坐标。由于在定位时需要用户终端向定位卫星发送定位信号，由信号到达定位卫星时间的差值计算用户位置，所以被称为"有源定位"。

（3）北斗卫星系统授时原理。北斗卫星系统的授时是通过地面中心站发送标准时间信息和卫星位置信息来实现的。地面中心站在每个超帧的起始帧向用户发送该帧的时标（日、时、分）和 DUT1（世界时 UT1 与协调世界时 UTC 的预计差值），每一帧信号的时间基准与原子时保持严格的时间同步关系。用户需要对时的时候，解出超帧中传送的各种时间码，并响应询问信号，与此同时，用户终端用时间计数器测出用户钟和中心站钟之间的伪钟差。中心站根据该用户的响应信号计算出标准钟基准信号送往用户的路径时延，以数字方式在询问信号信息段送回给用户，用于修正伪钟差，得到实际的钟差。用户获得上述数据后，就可以得到精确的协调世界时或世界时。

影响北斗卫星系统授时精度的关键是信号传输时延的计算。当用户与导航定位系统时间基准进行严格同步时，系统提供两种工作方式：一种为能满足 100ns 时间传递精度的单向授时模式；一种为满足 20ns 时间传递精度的双向授时模式。

6

IRIG-B 码对时技术

6.1 编码对时概念与发展历程

6.1.1 编码对时的概念

IRIG（Inter-Range Instrumentation Group）是美国 RCC（Range Commanders Council）所属的负责制订靶场标准等工作的机构。靶场时统和通信系统的标准化工作是 IRIG 所属的 TCG（Telecommunication Group）负责的，它所制订的标准时间码格式有二大类，一类是并行时间码格式，这类码由于是并行形式，传输距离较近，且是二进制，因此应用远不如串行格式广泛。另一类是串行时间码，共有六种格式，即 IRIG—A、B、D、E、G、H。它们的主要差别是时间码的帧速率不同，从最慢的每小时一帧的 D 格式到最快的每十毫秒一帧的 G 格式。各种格式的主要参数如表 6-1 所示。

表 6-1 六种 IRIG 串行时间码格式的主要参数

格式	时帧周期	码元速率	二一十进制信息位数	表式时间的信息
IRIG-D	1 小时	1 个/分	16	天、时
IRIG-H	1 分	1 个/秒	23	天、时、分
IRIG-E	10 秒	10 个/秒	26	天、时、分 10 秒
IRIG-B	1 秒	100 个/秒	30	天、时、分、秒
IRIG-A	0.1 秒	1000 个/秒	34	天、时、分、秒 0.1 秒
IRIG-G	0.01 秒	10000 个/秒	38	天、时、分、秒、0.1 秒、0.01 秒

由于 IRIG-B 格式时间码（以下简称 B 码）是每秒一帧的时间码，最适合使用的习惯，而且传输也较容易。因此，在 IRIG 六种串行时间码格式中，应用最为广泛的是 B 码。在实际应用中，根据时间精度的不同要求及 B 码传输距离的不同，B 码在采用了两种码型 DC 码（直流码）和 AC 码（交流码）。直流码的每个码元是一个脉冲信号，故可

以实现较高精度的时钟同步，但是由于脉冲信号的频谱丰富，窄带信道无法传输，所以只适用于电缆传输至近距离的用户。交流码适用于远距离时统设备中只有窄带信道传输的情况，此时可采用将直流 B 码调制成交流 B 码的方法传输，将直流码对标准正弦波载频进行幅度调制，标准正弦信号必须与产生直流 B 码的信号共源，以保持两者之间的时间关系不变。当远距离传输时应采用 AC 码，当近距离传输时则应采用 DC 码。

6.1.2 编码对时的发展历程

IRIG 是美国祀场司令委员会下属的办公机构，其常驻办公地点位于美国自沙导弹靶场。它的执行委员会是由美国各靶场的代表，国家标准局的代表、美国国防部、国家航空航天局和各军代表组成联合委员会 161。它的任务是完成 IRIG 码元格式的理论基础研究与论证，制定合理稳定的编码格式、完成信息远距离通信的交互，组织与协调各测控中心的实时通信。在不断地论证与测试过程中，逐步制定并完善了 IRIG 的标准，此标准经过不断论证与试验后被国际时统设备研究机构所接受与采纳，它所制定的标准时间码格式共分成两大类，第一类是并行时间码格式。并行的二进制时间码格式中共有了四种时间码格式，即 PB1、PB2、PB3、PB4 码格式。这类时间码主要应用于短距离传输时间信息，它所采用的是分段式二进制编码格式。第二类是串行时间码格式。

IRIG 机构领导下的相关部门根据常规武器试验、航天飞行器等装备试验以及政府和军事任务的需要，制定出串行时间码格式，该要求共规定了 IRIG-A、IRIG-B、IRIG-C、IRIG-D、IRIG-E 五种串行时间码格式。随着测控研究的不断发展，该通信组又对 IRIG 标准进一步完善，明确了"IRIG 标准测量时间格式"，在国际上得到认可并广泛应用于相关测控领域，最后成为一直沿用到现在的时间码格式标准。

国内 20 世纪 50 年代末期，根据国家领导层提出了"两弹一星"计划等科研实验任务的需要，从国外引进了第一套时统设备。根据这套设备，在此基础上进行了研究与仿造。在之后的国防科技实验当中，为满足各种型号导弹、火箭发射试验任务的需要，结合实际情况，先后自主研制并生产了多种不同功能与型号的时统设备，并装备到各试验基地、导弹靶场和航天试验测控中心。由于各型号设备接收信号种类和参数的不同，随着试验任务增加，导致靶场内所需测控设备数量也不断增加。由于时统设备输出时间信息的码元种类繁多，导致相互间造成不必要干扰，也不方便测控，维护起来需要大量的人力和物力，耗费了大量的时间与经费 m。鉴于此情况，为确保后续试验任务能够顺利完成，国家组织了相关专家组进行集体讨论与验证。最后研究决定，必须要采用统一标准时间格式码作为时统设备的收发码信号，于是采用了 IRIG 标准时间码。当 IRIG 码标准测量时间格式受到西方国家的广泛应用后，我国各靶场、测控中心、导弹试验基地也陆续开始与国际接轨，采取通用的 IRIG 时间码体制。20 世纪 80 年代初期原国防科工委员会首次将 IRIG-B 时统码编入我国的国军标体系大纲内，并以此作为行业标准开始研制统一的时统设备并配备给各测控单位，同时制定并出台了相适应的国军标测控标准体系文件。目前我国各测控中心与靶场已经普遍采用 IRIG-B 码作为时统设备发送与接收的信号。现今已有一部分企业与科研单位已经开始规模化生产时统设备用于靶场试验中，时统设备如图 6-1 和图 6-2 所示。

图 6-1　B 码时统设备

图 6-2　IRIG-B 码时统终端

6.2　IRIG-B 码对时原理

IRIG 码共有 4 种并行二进制时间码格式和 6 种串行二进制时间码格式。其中最常用的是 IRIG-B 时间码格式。B 码可以分为直流（DC）码和交流（AC）码，交流码是 1kHz 的正弦波载频对直流码进行幅度调制后形成的；直流码采用脉宽编码方式。

图 6-3 为 B（DC）码的波形示意图，其各项参数及特点介绍如下。

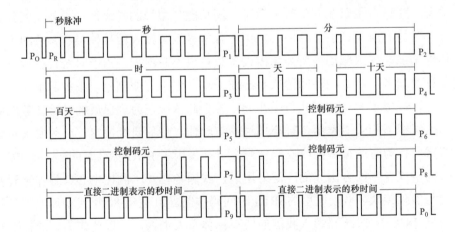

图 6-3　B（DC）码的波形示意图

（1）码元识别。

1）码元：B（DC）码脉宽调制的时间码，它每秒一帧，每个脉冲称为码元，码元的"准时"参考点是该脉冲的前沿，共有三种类型的码元，如图 6-4 所示。码元重复出现的速率为码元速率。因而 B 码的码元速率为 100pps。

2）索引计数：B 码中相邻两个码元的前沿之间的间隔称为一个索引计数间隔，为 10ms。码元与索引计数一一对应，每帧 B 码有 100 个索引计数间隔，索引计数范围为 0～99，从帧参考点处以"0"开始，之后每经一个索引计数间隔其值就增加 1，直到一帧结束。

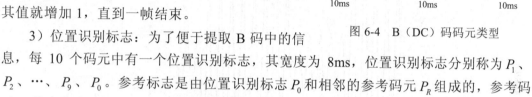

图 6-4　B（DC）码码元类型

3）位置识别标志：为了便于提取 B 码中的信息，每 10 个码元中有一个位置识别标志，其宽度为 8ms，位置识别标志分别称为 P_1、P_2、…、P_9、P_0。参考标志是由位置识别标志 P_0 和相邻的参考码元 P_R 组成的，参考码元 P_R 的宽度也为 8ms，而且 P_R 的前沿即该帧 B 码的准秒时刻。

4）码字：B 码是脉宽调制的时间格式。索引计数间隔的 0.2 和 0.5 分别代表了二进制"1"和"0"，分别为 5ms 和 2ms。

5）参考标志：时帧的参考标志是由一个位置识别标志（P_0）和相邻的参考码元（P_R）组成。参考码元的宽度为对应时码索引计数间隔的 0.8。B 码为 8ms。时帧的"准时"参考点是参考码元的前沿。

（2）时帧。一个时间格式由帧参考标志开始，由相邻两个帧参考标志之间的码元组成。时帧的重复出现速率称作时帧速率，其对应的周期为一个时帧周期。B 码时间码的帧速率为 1 个/s，时帧周期则为 1s。

（3）时间编码。

1）年时间的二一十进制码（BCD 码）：各个时间格式都含有年时间的二一十进制码，时帧周期越短，相应的信息位就越长。B 码为 30 位，其中天 10 位（从 001 到 365 或 366），时 6 位，分 7 位，秒 7 位。时序为秒一分一时一天。位置在 P_0 到 P_5 之间。

2）天时间的纯二进制秒码（SBS 码）：A、B 格式的时间码不仅含有年时间的 BCD 码，而且还有天时间的纯二进制秒码。共 17 位，位置在 P_8～P_0 之间，午夜为零秒，最大计数值为 86399 秒时序，且低位在前，而高位在后。

（4）控制功能（CF）。所有的时间格式都预留了一组码元用于完成相应的控制功能（CF）。这些码元用于完成对所需要的控制、识别以及其他特殊的功能进行编码。IRIG 文件 104-70 指出：控制功能目前只打算用于靶场内而不用于靶场间，因此现在没有标准编码系统。由各靶场根据需要选择是否在时间格式中包含控制功能和使用编码系统。B 码中控制功能的位置位于 P_5～P_8 之间，共有 27 个码元。

（5）幅度调制。为了便于传递标准时间格式码，可用其对标准正弦波载频进行幅度调制，标准正弦信号必须与产生直流 B 码的信号共源，以保持两者之间的时间关系不变。

标准正弦波载频的频率与码元速率严格相关，一般为码元速率的十倍。B 码的标准正弦波载频频率为 1KHz。同时，其正交过零点（图 6-5 中 A 点）与所调制格式码元的前沿相符合，标准的调制比为 10:3，如图 6-5 所示。调制后的 B 码叫 IRIG-B（AC）码，未经幅度调制的叫 IRIG-B（DC）码。

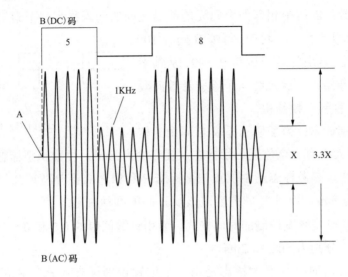

图 6-5　B（AC）码调制示意图

6.3　IRIG–B（DC）与 IRIG–B（AC）的区别

6.3.1　IRIG-B 的格式

IRIG-B 时间码是一种串行时间码,被广泛应用于时间信息传输系统中,为测控系统、控制系统提供统一的标准时间。IRIG-B 码的格式如图 6-6 所示。

IRIG-B 有两种码型,分别为交流码（AC 码）和直流码（DC 码）。IRIG-B 码的时帧周期是 1s,包含 100 个码元,每个码元周期为 10ms,即 IRIG-B 码的码元速率为 100pps（pulse per second）。IRIG-B 码有三种码元:"P""I"和"O",它们高电平脉宽分别为 8ms、5ms 和 2ms。位置识别标志 PO 的前沿在帧参考点 PR 的前一个索引计数间隔处,以后每十个码元有一个位置识别标志,位置识别标志分别为 PR、P1、P2、…、P9、P0,组成了十个字段:PR-P1 为第一个字段,P1-P2 为第二个字段,以此类推,P9-P0 为第十个字段。IRIG-B 码元图如图 6-7 所示。

如图 6-7 所示,三种码元的 AC 码频率都为 1kHz。码元为"P"对应的 AC 码有 8 个幅值大的 1kHz 和 2 个幅值小的 1kHz 的波形,DC 码为高对应 AC 码的幅值是 DC 码为低对应 AC 码幅值的 3.3 倍;码元为"0"对应 AC 码有 2 个幅值大的 1kHz 波形和 8 个幅值小的 1kHz 的波形;码元为"1"对应 AC 码有 5 个幅值大的 1kHz 波形和 5 个幅值小的 1kHz 的波形。

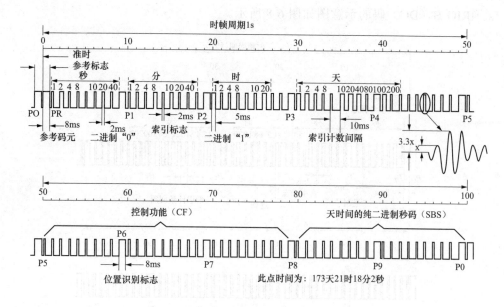

图 6-6　IRIG-B 码的格式

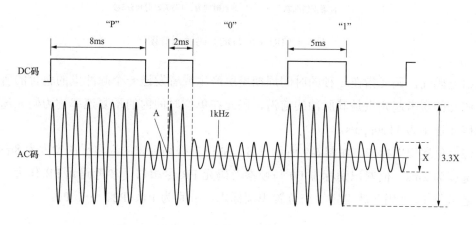

图 6-7　IRIG-B 码元图

当检测到第一个位置识别标志后，连续检测到另一个位置识别标志，那么准秒对应的位置是在第二个 8ms 的帧参考点 PR 的前沿。

IRIG-B 时间码的特点有以下三点：第一，它包含了丰富的时间信号，秒、分、时、天信号在前五个帧参考点中（PR-PS），所以在第五个字段结束后时间信号已经提取出来并保存在寄存器中；第二，它包含了多种频率不相同的脉冲信号，可以通过对 IRIG-B 码的解码得到脉冲信号；第三，后五个字段中包含了控制信息，方便后端用户进行使用。

6.3.2　IRIG-B（DC）码

IRIG-B（DC）码是一种串行时间格式码，每个码元的脉冲宽度为 10ms，一个时帧周期内共有 100 个码元，时帧的重复速率为时帧速率，其速率为每秒 1 帧，其时帧周期为 1s。IRIG-B（DC）码的示意图如图 6-8 所示。

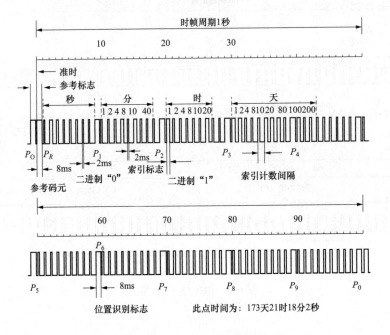

图 6-8　IRIG-B（DC）码的示意图

（1）码元。码元指在一秒的时间周期里所产生或者发送一个脉冲里的包含的所有信号。码元的参考起始点是其脉冲的前沿，码元在单位时间内的重复速率称为码元速率 B 码的码元速率为 1100pps/s。

（2）位置识别标志。如图 6-9 所示，B 码的位置识别标志的高电平的宽度为 8ms，低电平宽度为 2ms，位置识别标志 P0 与帧参考码元 PR 尽相邻，参考码元 PR 作为一帧起始，之后每 10 个码元就设定 1 个位置识别标志，分别为 P1、P2、…、P0。

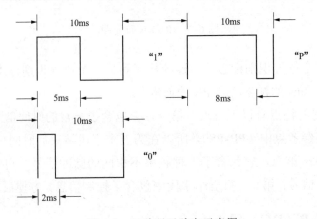

图 6-9　三种码元脉宽示意图

（3）参考码元。时帧的参考码元 & 是由两个位置识别标志"P"码元组成的第二个码元。B 码的参考码元的高电平宽度也为 8ms，在所有 100 个码元中为第 0 码元。时间起始标志是参考码元的脉冲前沿。

（4）码字。码字表示所有的标准 B 码时间格式当中不同种类的码元，其中有"1"码元、"0"码元。如图 6-9 所示，B 码的逻辑二进制中"1"和"0"码元的高电平脉宽分别为 5ms 和 2ms。

（5）帧参考标志位。帧参考标志位代表一个时刻的开始，是以帧参考码元 PR 作为一个时间解码的开始。一个时帧参考标志脉冲的前沿为每个时帧的起始，代表一个时刻开始。当时统设备检测到一个 B 码时帧连续出现两个 8ms 的位置识别标志，则规定该时帧的起始点是位于第 2 个 8ms 脉宽的帧参考码元 PR 码元前沿。

（6）索引标志位。在秒时间个位与秒十分位、分时间个位及分十分位间、时个位与时十分位、天个位与天十分位、天百分位之间都有个索引标志位，分别第 5、14、24、34、…、94 码元。

（7）DC 码编码格式。从帧参考码元开始分别为第 0、1、2、…、99 个码元。在 B 码时间格式中包含的码元信息为秒、分、时、天等时间信息，其位置位于 P0-P5 中。所占码元数位为秒时钟共 7 位、分时钟共 7 位、时时钟共 6 位、天时钟共 10 位。其中"秒"信息：从 00 到 59，共 7 个码元，占第 1、2、3、4、6、7、8 码元；"分"信息：从 00 到 59，占第 10、11、12、13、15、16、17 码元；"时"信息：从 00 到 23，占第 20、21、22、23、25、26 码元；第 5、14、24、94 码元为索引标志，宽度为 2ms。在编码过程中将天、时、分、秒十进制数字按位数均转换为数字信号的 BCD（8421）码表示，编码顺序按照秒、分、时、天顺序，个位数字在前，十位数字在后。P6-P10 包含其他控制信息，如一些特标信号。比如说 TOD 时间，使用 80、81、82、…、88、90、91、97 码元，共 17 个码元，将十七位二进制数字表示从当天的第一秒到当前时刻的总秒数。

6.3.3 IRIG-B（AC）码

实际导弹打靶试验过程中，各靶场间距离相隔很远，有的达到上千公里，为了满足远距离传输标准时间格式码，需要采用一种适合远距离传输的时统码。B（AC）码的提出是用 B（DC）码对 1kHz 正弦信号进行幅度调制，B（DC）码脉冲的上升沿须和正弦波相位 $2n\pi$ 对齐，如图 6-10 所示。在 B（DC）码对标准正弦波载频进行幅度调制过程中，标准正弦波载频的频率必须要同码元速率严格线性相关，通常取码元速率的十倍。AC 码标准的调制比为 10:3，实际通常取 2.5:1～3:1。经过调制后的 B 码叫 IRIG-B（AC）码。为了使各测控中心能得到精确的时间信号，IRIG-B（AC）码中低幅度与高幅度交换点与 IRIG-B（DC）码的准时点即脉冲前沿严格保持一致。

B（DC）码正弦波载频进行幅度调制得到了 B（AC）码，其带宽被压缩了很多，从而提高了传输距离。经测试得到 B（AC）码的通频带为 100～3kHz，其信号能量主要集中于 1kHz 频率周围左右。这就能够通过一些传送语音信息的信道来传输 B（AC）码。

使用通信数字幅度调制，解调出的 B（AC）码与时统码误差小，性能稳定可靠，抗干扰能力强，适合远距离传输。

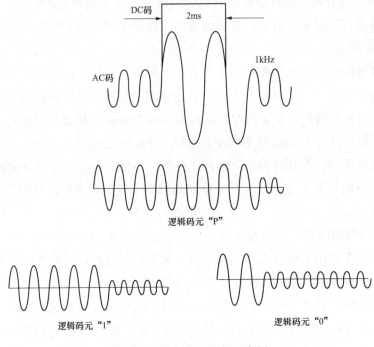

图 6-10　B（AC）码的示意图

6.4　IRIG–B 码编码与解码技术

6.4.1　IRIG-B（DC）码编码的原理

主设备中 FPGA 接收到 CPU 主板写入的时间信号，FPGA 以 10MHz 的时钟捕捉到准秒对时信号 1pps 的上升沿后对时间信号加 1s，因为时间信号为 BCD 码，需要对其进行进位判断。当 FPGA 检测到准秒对时信号 1pps 的上升沿后，开始根据 IRIG-B（DC）码的格式进行编码，编码主要由 FPGA 的状态机和计数器来实现，准秒对时信号触发 IRIG-B（DC）码，基于 FPGA 的高速可编程特性，可保证时间精度在 1μs 以内。

6.4.2　IRIG-B（AC）码编码的原理

FPGA 对 IRIG-B（AC）码的编码是在 IRIG-B（DC）码的基础上进行的，用 IRIG-B（DC）码对的正弦信号进行幅度调制：当 IRIG-B（DC）码为 1 时，产生高幅度的 1kHz 正弦信号；当 IRIG-B（DC）码为 0 时，产生 1kHz 低幅度的正弦信号，高、低幅度的正弦信号幅值比为 10:3。

设计中每个 1kHz 的正弦信号都采用直接数字频率合成 DDS 来实现，DDS 的基本原

理是通过 D/A 转换将具有一定规律产生的随时间连续变化的数字信号转换为相应的模拟
波形信号。DDS 的原理框图如图 6-11 所示。

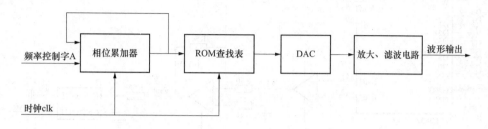

图 6-11　DDS 的原理框图

如图 6-11 所示，DDS 主要由相位累加器、ROM 查找表、DAC 和放大、滤波电路组
成，他们在同一个时钟的触发下同步工作。相位累加器是整个 DDS 的核心，它由 N 位
加法器和位相位寄存器级联构成，每来一个时钟脉冲，加法器就将输入的 N 位频率字 A
与相位寄存器输出的累加相位数据相加,然后将相加后的结果送至相位累加器的输入端。
当相位累加器累加至 2π 时，就会产生一次溢出，完成一个周期性的动作，这个周期就
是合成信号的一个周期，累加器的溢出频率就是 DDS 的合成信号频率。

DDS 的方程为

$$F_{\text{out}} = \frac{F_{\text{clk}} \cdot A}{2^N} \qquad (6\text{-}1)$$

式中：F_{out} 为 DDS 输出的频率；F_{clk} 为系统时钟频率；A 为频率控制字，当 $A=1$ 时，
根据采样定理，DDS 输出的最大频率为 $F_{\text{clk}}/2$，所以只要 N 的值越大，信号输出的间隔
越小。通过改变频率控制字 A 可以控制输出信号的相位参数。

ROM 存储器由 FPGA 内部存储器产生，正弦信号数据在系统上电后进行初始化，
ROM 中一个地址对应一个 8 位的数据，并行地传输到数模转换芯片 DAC0832。

DAC0832 是 8 位 D/A 转换器，其主要参数如下：分辨率为位，转换时间为 1μs，参
考电压–10V～+10V，供电电源为+5V～+15V，逻辑电平输入与 TTL 兼容。

当 DAC0832 的第 19 脚 ILE 接高电平，$\overline{\text{CS}}$、$\overline{\text{WR1}}$、$\overline{\text{WR2}}$ 和 $\overline{\text{XFER}}$ 都接数字地时，
DAC 处于直通方式，8 位并行的数字信号一旦到达 D17-D10 输入端，就立即进行 8 位
D/A 转换器,DAC0832 完成数字量输入到模拟量（电流）输出的转换,因此,要在 DAC0832
的输出端外加差分放大器将电流信号转换为模拟电压信号输出。

数模转换 DAC0832 与放大电路、滤波电路原理图如图 6-12 所示。

如图 6-12 所示，DAC0832 的电流输出 Iout1、Iout2 经过了差分放大器后，再加一级
电压放大器，构成双极性电压输出，其电压为

$$V_1 = \frac{V_{\text{ref}} \times D}{256} \qquad (6\text{-}2)$$

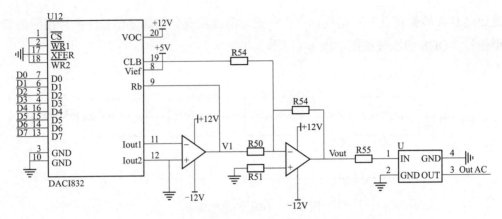

图 6-12　数模转换 DAC0832 与放大电路、滤波电路原理图

式中：D 为输入并行的 8 位数据 DI7～DI0 的数值，为输入的参考电压。其输出电压的值为

$$V_{\text{out}} = -\left(\frac{R_{52}}{R_{50}} \times V_1 + \frac{R_{52}}{R_{54}} \times V_{\text{ref}}\right) = -(2V_1 + V_{\text{ref}}) \tag{6-3}$$

由式（6-2）、式（6-3）可以得到，当 $D=0$ 时，输出电压为−5V；当 $D=255$ 时，输出电压为 5V，所以输出电压 V_{out} 的取值为 ±5V，可以达到 IRIG-B（AC）码高幅值与低幅值的比为 10∶3。低通滤波 L1 的作用是滤除高频信号。

由于 IRIG-B（AC）码由 DDS 来实现的，其数模转换的转换时间需要 1μs，而且还通过了放大电路以及滤波电路，导致 IRIG-B（AC）码相对于准秒对时信号至少延迟了 1μs，即时间精度大于 1μs，IRIG-B（AC）码不能满足设计的精度要求，所以从设备只接收码 IRIG-B（DC）并对其进行解码，而 IRIG-B（AC）码作为 FPGA 的输出信号用于给系统的其他不需要高精度的设备提供时间码。

6.4.3　IRIG-B（DC）码解码的原理

当连续检测到两个高电平脉宽为 8ms，产生标志信号，从设备 FPGA 将 IRIG-B（DC）码的 PR-PI 之间 7 个有效码元解码为 7 位并行的秒信号，P1-P2 之间 7 个有效码元解码为 7 位并行的分信号，P2-P3 之间 6 个有效码元解码为 6 位并行的时信号，P3-P5 之间的 10 个有效码元解码为 10 位并行的天信号。

为了避免传输时由于信号出现畸变而漏掉信息，我们用 10kHz 时钟计数 8ms 的计数器得到 70～90 次高电平译为 "P"，计数 5ms 的计数器得到 40～60 次高电平译为 "1"，计数 2ms 的计数器得到 10～30 次译为 "0"，通过这样的处理可以避免时间信息的错误提取，能够准确地恢复出时间信息。

6.4.4　IRIG-B（AC）码解码的原理

根据之前介绍的 IRIG-B 码信号的编码方式是以不同码元脉冲的时间宽度来代表二

进制 "0" "1" 和位置识别标志的,所以要能够准确进行 B 码解码,其解码关键在于码元的正确辨别与迅速提取,将不同位置的码元转换为 BCD 码。也就是识别出 IRIG-B 码里的 "P" 码元、"1" 码元和 "0" 码元。解码的方式采用了容错技术,将不同的码元宽度的计数值设定在一定范围内,当采样的点数满足一定的范围内进行判断后,输出相对应的 "0" 码元、"1" 码元和位置识别标志、参考码元等信号。然后将识别出的三种码元 BCD 码转换为天、时、分、秒等时间信息。最后通过 CPLD 芯片将 DSP 产生的时间数据读出,并通过 ISA 总线将数据传送到主控机上。

6.5　IRIG-B 码通信接口

AC 码解码板卡所采用的通信传输接口为 RS-232(DB9)接口。在串行数据传输时,AC 码编码板卡与设计的解码板卡需要进行码元通信时考虑采用一个标准接口,由于 AC 码为串行时间码,故采用 RS-232 接口作为 IRIG-B 码码元传递的通信接口,也是目前世界范围内进行数据通信传输使用比较广泛的一种串行通信接口。

后来 IBM 公司的 PC 机将 RS-232 的 DB-25 简化成了 DB-9 连接器,也就是本设计所采用的标准接口,B 码信号通过 1 管脚输送给解码板卡,如图 6-13 所示。引脚定义见表 6-2。

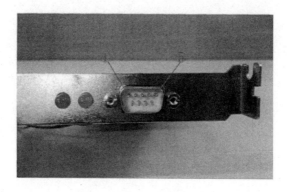

图 6-13　板卡 DB9 针接口

表 6-2　　　　　　　　　　　　引　脚　定　义

针脚	信号	定义	作用
1	DCD	载波检查	Received Lined Signal Detector
2	RXD	接收数据	Received Data
3	TXD	发送数据	Transmit Data
4	DTR	数据终端准备好	Data Terminal Ready
5	SGND	信号地	Signal Ground
6	DSR	数据准备好	Data Set Ready

续表

针脚	信号	定义	作用
7	RTS	请求发送	Request To Send
8	CTS	清除发送	Clear To Send
9	RI	振铃提示	Ring Indicator

6.6 IRIG-B 码对时技术优缺点与应用前景

通过 IRIG-B 时间码的编码和解码,分析准秒对时信号触发 IRIG-B 码硬件滞后特性,提高时间精度,为系统从设备提供与主设备同步的时间信号,IRIG-B 对时为时间同步技术、时统设备的研究注入了新鲜的血液,为整个系统内的设备分配统一的时间信号,便于对系统工作中发生的各种事件和异常进行记录和追踪;同时产生系统需要的时钟分频时序和各种不同功能的实验波形输出,便于对系统中的其他设备进行测试与调控,对整个同步系统进行高度集成,实现时钟系统大规模、高速度、低成本、设计周期短、易于调试和可靠性高的目标,是时间同步系统发展的趋势。

7

网络时钟对时技术

7.1 NTP 对时概念与发展历程

7.1.1 NTP 对时概念

网络时间协议 NTP 是互联网中进行时间同步的标准协议。NTP 的用途是将计算机的本地时钟与互联网上的标准时间进行校对，它主要由特拉华大学（university of delaware，UD）的 David L Mills 教授开发。NTP 网络时间协议针对互联网中时间同步的各种问题进行了充分的考虑并加以设计。NTP 参考的时间源来自 GPS 卫星等方式传送的时间消息，目前将世界协调时（universal time coordinated，UTC）作为标准时间，采用了服务器对客户端的传送结构，报文负载于 UDP/IP 协议，具备很高的扩展性和灵活性，NTP 的工作机制严格、有效、实用，能够适应于各种规模、连接方式、传送速度的网络环境。时钟同步领域中，相对于其他方式网络时钟同步具有一定的优势，因此使用越来越广泛，其中 NTP 是目前互联网上进行时间同步公认的工具。NTP 在校正当前时间的同时，还能持续观察时间的变化，因此当网络发生故障，NTP 也能对计算机进行自动调整，从而维持时间稳定。NTP 为目前最完善的时间协议。普通计算机或大型计算机和工作站的操作系统中通常含有 NTP 软件，客户段程序可在后台连续运行，更可以设置从多个服务器获取时间信息，通过筛选进一步提高时间精度，并且 NTP 具有使用的资源开销较少、保证网络安全等特点。以上的机制和特点使通过 NTP 进行时间同步的计算机能获得可靠和精确的时间信息，因此 NTP 已经成为公认的互联网中时间同步工具。

NTP 时间同步可分为广域网和局域网两种。由于报文传输上行和下行路由器路径不可能完全相同，因此会受到交换延迟、介质访问延迟、列队延迟等因素的影响，在广域网的授时精度通常在 $50\sim500\text{ns}$ 级别波动。国内通过 NTP 进行时间同步的个人与行业设备占据相当大的比重。对 NTP 服务器在实际应用中的性能分析有助于更好地提高授时质量，从而提高人们工作和生活的质量与效率。

7.1.2 NTP 发展历程及现状

最初的网络时间同步技术是 1981 年提出的请求评议 RFC（Request For Comments）-778 因特网时钟协议，之后精度能达到 1s 的时间协议记录在 1983 年发表的 RFC-868 中。网络时间协议 NTP 这个名词记载于 RFC-958 中，该版本被确定为 NTPv0。v0 版本没有涉及滤波和同步算法，也不会补偿任何频率误差，NTPv0 仅仅描述了网络分组数据包及报文格式，规定了如何估算本地时钟误差、精密度的基本运算和参考时钟的特性。1988 年在 RFC-1059 中规定了 NTPv1，这个版本描述了完整的协议规范和基本算法，并采用了客户端对服务器的模式和对称操作，该简易流程如图 7-1 所示。1989 年 RFC-1119 中规定了 NTPv2。1992 年 3 月 RFC-1305 包含 NTPv3 发布，该版本综合了之前版本的功能，引入了校正机制和报文消息广播与组播模式。v3 版本改进了数据滤除算法和时钟选择算法，虽然以上提到的核心算法并不属于协议的固有部分，但是它们是 NTP 实现的关键。2010 年 6 月，最新的 NTPv4 出现在 RFC5905 中，该版本是由长期对 v3 版本进行修改与补完而得来的，它使用公钥技术加强了网络安全性的鉴权，并通过一些在核心算法上的改进推动网络时间同步技术在更高精度、更好的安全性和更多适应性等方面的发展。如图 7-1 所示为 NTP 协议简单流程。

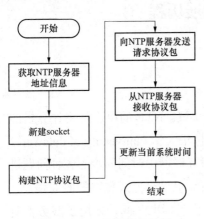

图 7-1　NTP 协议简单流程

7.1.3 NTP 网络时间协议简介

NTP 网络时间协议最早在 1985 年提出，它的主要发明者是任职于美国特拉华大学（University of Delaware）的 David L Mills 教授。NTP 的提出源自一个由美国自主开展的网络时间同步项目，该项目由美国国防部高级研究计划局、美国国家科学基金和美国海军水面武器中心联合开展。NTP 协议的设计目是使计算机通过网络进行时间同步，使分布式网络环境中的计算机系统进行准确的、高精度的时间同步，也使世界上不同地区的计算机通过互联网获得时间信息并将时间维持在一个相对接近统一的标准上。试想对于某些只能连接网络的设备来说，如果没有网络授时手段，单纯地依靠设备管理员进行人工的时间调整，其工作量之巨大必定会消耗大量的人力物力，并且手工输入命令的方式是无法保证时钟精度和准确性的，因此 NTP 协议在实际应用中具有重要的意义。任何具备 NTP 协议系统的设备，不但可以接收来自不同时间源的时间信息，也可以作为时钟源为其他设备进行时间同步，更可以互相进行同步。NTP 还可以单独地测定某个设备的时钟偏差，从而更好地通过网络为该设备进行高精度时间同步。以上特点说明了 NTP 协议在使用上非常灵活。NTP 协议源自 TCP/IP 协议，其运行于 TCP/IP 协议四层级结构的最高层——应用层上，NTP 基于 UDP 报文进行传输。该协议由最早的 NTPv0 一直发展到目前的 NTPv4 版本，目前仍在不断的改进、完善和丰富中，大部分新规范都会加入下一个版本当中，NTP 主要在时间滤波算法、时间调节算法、设备时钟驱动器、时钟适配原则等方面加以改进。将来 NTP 协议还将用于宇宙探索和空间探测等方面，尤其是近年已经开展的火星探测项目中。目前 NTP 主要用于保持网络中电子设备的时间一致，比如：进行网络管理时，来自不同的设备的操作日志、调试日志等信息，在汇总分析的过程需要有统一的时间为参考；很多以时间为单位的计费系统需要准确的时间信息；某些大型系统中需要部分设备同时重启时，需要他们保持时间一致；客户端机器和服务器要进行资料备份时，两端之间的时间需要先进行同步等。计算机时钟会不可避免的产生频率漂移，是由校对误差、环境变化和器件老化等原因引起的。漂移率（drift rate）是描述计算机时间漂移的一个标准定义，即计算机的时钟在一秒内时间偏离标准多少微。普通的计算机时钟在脱离校准的情况下一天之内通常会产生数秒的偏差。NTP 是一个在广域网（wide area network，WAN）与局域网（local area network，LAN）中都能使用的通用时间同步协议。一般情况下，NTP 提供的时间精度在广域网中能到达数十毫秒级别，在局域网上的精度可以更精确到亚毫秒级别。NTP 拥有身份验证机制（authentication）和 MD5（message digest algorithm 信息摘要算法第五版）验证，该机制能够通过检验负载时间信息报文的返回路径，验证应答是否来自结构体系内的正常服务器，有效对抗恶意破坏与意外干扰，提高时间同步的安全性与稳定性。NTP 协议提供精确时间同步服务的前提是要有精确的时间源，精确的时间源可以来自不同渠道，这些渠道包括天文台发播信号、卫星传送信号、原子钟等或从互联网上获取时间信息，采用时间源标准为 UTC 协调世界时。

提供精确时间源的设备位于该结构的顶端，即 NTP 体系结构的第 0 级，较多采用定位卫星，国内通常由 GPS 卫星和北斗卫星发播时间频率信号。下层的设备使用相对灵活很多可以作为不同角色发挥作用，是因为对于子网络中任意设备都可以是其下层设备的时间服务器，或是向上一层设备索取时间服务的 NTP 客户机，甚至能与同一层级的设备作为对等机互相进行时间校准。任意层中的设备通常会同时通过多个上层服务器进行时间同步。NTP 协议就是以这种由上至下的结构，将时间信息通过互联网传送到各个设备上。另外，NTP 不仅能够为设备的时钟进行时间修正，而且能够连续监测时钟变化，这样该设备的时间校准即使在长时间无法与服务器相连的情况下也可以正常运转。

7.1.4　NTP 网络体系结构

NTP 协议采用分层式的网络体系，由于可作为时间源或时间服务器的设备基本少于时间同步客户端的逻辑关系，该结构体系属于阶梯型互联结构，该结构如图 7-2 所示，设备的层级关系按照与时间源的距离远近而划分，层数（stratum）从"0"开始由上至下逐渐变大，时间精度和关键程度随层数增大而降低。在该分层结构可以分为 15 级，但通常使用中不超过 6 级。

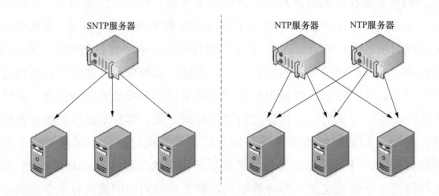

图 7-2　NTP 和 SNTP 客户端与服务器对接模式区别

7.2　NTP 与 SNTP 的区别

简单网络时间协议（simple network time protocol，SNTP）属于 NTP 的一个简化版本。某些 NTP 客户机对时间精度的要求较低，通常秒级的精度就足够了，SNTP 就是为了应对这种情况出现的，它的时间同步精度最高为百毫秒级 [16]。实际应用中 SNTP 和 NTP 的客户端与服务器可以相互通用，但是 SNTP 客户端不像 NTP 客户端一样可以同时从多个服务器获取时间，它只能对一个服务器产生请求。图 7-2 所示为 NTP 和 SNTP 客户端与服务器对接模式区别。

精确时间协议（precision time protocol，PTP）公布于国际电器和电子工程师协会在 2002 年发布的 IEEE-1588 PTP 的产生是为了满足局域网内的高精度时间同步需求，相对于 NTP 而言，它的设计重点在实现更高的精度与性能上，目前已经发展到 v2 版本。除了 NTP/SNTP，PTP 以外，还曾出现过数字时间同步服务（digital time synchronization service，DTSS）、Daytime 协议和 IP 时间戳选项协议等网络时间同步技术，并且上述部分技术对 NTP 的完善也起到一定作用。

我国在近 20 年内，随着国内的网络授时系统的建成，一些围绕 NTP 协议开展的研究项目逐渐出现，较早的研究都是基于分析 NTP 的工作原理、报文结构从而改进实际应用中的方法，之后相关于 NTP 的科研项目大部分是将其引入到诸如电力系统、军事系统等其他领域，由于时间同步技术的基础性以及网络授时方式的多适应性，当下越来越多围绕 NTP 的研究相继展开。表 7-1 用于网络时间同步的技术比较。

从表 7-1 可知，NTP 作为目前在互联网中普遍使用的时间同步方法，将授时精度、可控性、可靠性和使用成本综合考虑，与其他方法相比具有一定的优势。

表 7-1　　　　　　　　　　　　　用于网络时间同步的技术比较

	NTP	SNTP
应用领域	广域网	广域网
通信媒介	因特网/以太网	因特网/以太网
精度	毫秒级	百毫秒级
所需特别设备	无	无
成本	低	低
可控性	高	高
可靠性	高	低

7.3　NTP 协议工作原理

　　NTP 协议的授时过程是以服务器/客户端之间信息互传的方式实现的。客户端定期向服务器发送时间同步请求，该请求即 NTP 报文，当服务器收到报文时会在加工后返回给客户端一个应答报文。以上两个报文中都带有时间戳信息，记录着整个过程中的四个关键时间，设四个时间分别为 T1、T2、T3、T4，其中 T1、T4 分别为客户端发送和接收报文的时间点（以客户端时间为参照），T2、T3 分别为服务器接收和发送报文的时间点（以服务器时间为参照）。对时过程如图 7-3 所示。

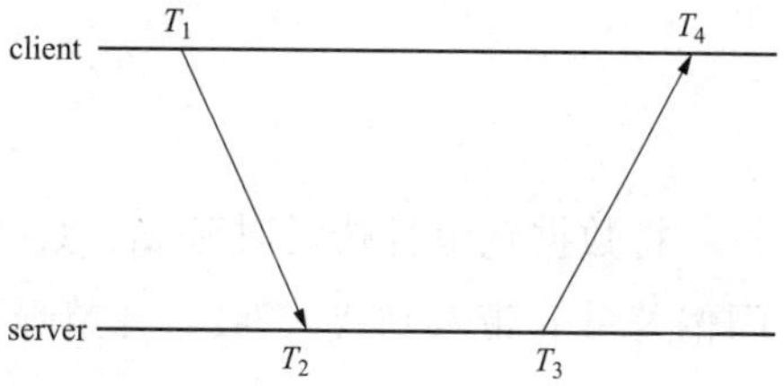

图 7-3　客户端与服务器对时过程

　　传送过程中几个元素做以下说明：T_1 为原始时间戳（originate timestamp）、T_2 为接收时间戳（receive timestamp）、T_3 为传送时间戳（transmit timestamp）、T_4 为到达时间戳（destination timestamp）、d 为数据包往返传送时延（delay）、d_1 为数据包上行传送时延、d_2 为数据包下行传送时延、t 为客户端与服务器之间的时间偏差量（offset）。那么可由以上四个时间点 T_1、T_2、T_3、T_4 列出方程组。

$$\begin{cases} T_2 = T_1 + t + d_1 \\ T_4 = T_3 - t + d_2 \\ d = d_1 + d_2 \end{cases} \tag{7-1}$$

假设数据包上行与下行时延相等，即

$$\begin{cases} t = \dfrac{(T_2 - T_1) - (T_4 - T_3)}{2} \\ d = (T_2 - T_1) + (T_4 - T_3) \end{cases} \tag{7-2}$$

　　由式（7-2）可计算出时间偏差 t 和链路时延 d，如图 7-4 所示。从式（7-2）中可以看出 t、d 只与 T_2、T_1 差值及 T_4、T_3 差值相关，而与 T_3、T_2 之间的差值无关，即时间偏

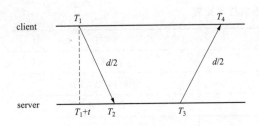

图 7-4 时间偏差和链路时延

差与服务器处理请求的用时无关。因此即使服务器在同一时间内收到的时间同步请求过多，服务器压力过大从而减慢对客户端的响应速度，也不会对时间同步的精度产生影响。

上文描述了客户端与服务器如何利用报文中记录的四个时间节点计算时间偏差 t 的原理，但是对 t 的准确测量基于上行与下行的传送时延相等即 $d_1=d_2$，而往往在实际情况中由于链路阻塞、路由器和网关设备的选择等原因，链路的往返时延是很难完全相等的，这是 NTP 授时误差的主要原因。因此利用 NTP 协议行进时间同步的首要问题是怎样获得最为精确的时间偏差 t。假设客户端与服务器之间的真实时间偏差量为 t_0、计算出的时间偏差量为 t 以及链路时延为 d，通过公式计算可以推出它们之间存在的关系。

首先定义

$$\begin{cases} x = T_2 - T_1 \\ y = T_4 - T_3 \end{cases} \tag{7-3}$$

$$\begin{cases} t = \dfrac{x+y}{2} \\ d = x - y \end{cases} \tag{7-4}$$

将数据包上行传送时延 d_1、数据包下行传送时延 d_2、客户端与服务器之间真实的时间偏差量 t_0 带入到式（7-1）并整理可得

$$\begin{cases} d_1 + t_0 = T_2 - T_1 = x \\ d_2 - t_0 = T_4 - T_3 = y \end{cases} \tag{7-5}$$

由于 d_1 和 d_2 一定为正值，因此得到

$$\begin{cases} d_1 = x - t_0 \geqslant 0 \\ d_2 = t_0 - y \geqslant 0 \end{cases} \tag{7-6}$$

由式（7-6）可得

$$y \leqslant t_0 \leqslant x \tag{7-7}$$

又因为

$$\begin{cases} \dfrac{x+y}{2} + \dfrac{x-y}{2} = x \\ \dfrac{x+y}{2} + \dfrac{x-y}{2} = y \end{cases} \tag{7-8}$$

将式（7-4）代入式（7-8），可得

$$\begin{cases} t + \dfrac{d}{2} = x \\ t - \dfrac{d}{2} = y \end{cases} \tag{7-9}$$

将式（7-9）代入到式（7-7），可得

$$t - \frac{d}{2} \leqslant t_0 \leqslant t + \frac{d}{2} \tag{7-10}$$

由式（7-10）可知虽然 NTP 协议在实际工作过程中产生的误差很难消除，但是真实的时间偏差与估计时间偏差的关系如上式表示，t_0 定于区间 $[t-d/2,\ t+d/2]$ 内。因此 NTP 的授时精度在广域网与局域网之间会有差别，广域网中的网络情况更为复杂，报文传送链路较为多变且很难追踪，授时精度也会相对降低，若 NTP 客户机与某服务器使用专线相连则授时精度会有很大提高。

7.4　NTP 的 工 作 模 式

相比 SNTP/PTP 等网络授时方法，NTP 协议的一大优势是可以采用 4 种工作模式，用户可以根据实际需要灵活选择，以下分别对客户端/服务器模式（client/server mode）、对等体模式（symmetric mode）、广播/组播模式（multicast/broadcast mode）进行简单说明。

7.4.1　客户端/服务器模式客户端/服务器模式

该模式中客户端向一个或者多个服务器发出服务请求，即发送时钟同步报文，当客户端收到经过往返链路并由服务器处理过的报文后，即可算出两地的时间偏差。若存在多个返回报文时，客户端可以经过数据滤除算法和时间选择算法，按照最优选的服务器时间调整本地时钟。图 7-5 所示为 C/S 模式授时流程图。

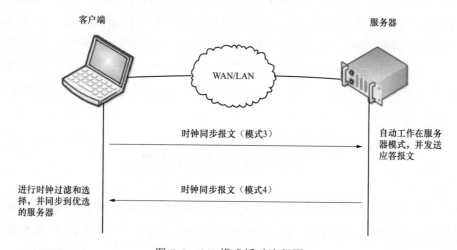

图 7-5　C/S 模式授时流程图

该模式下网络中的某台设备，作为 NTP 客户端周期性发出同步请求时，就不能够被其他设备识别为服务器，从而无法为其他下层设备进行时间同步。一对客户端与服务器的联系是随时间同步过程而建立的，也随该过程的结束而解除。

7.4.2　对等体模式

该模式与其他模式采用的客户端/服务器关系不同，在整个过程中客户端与服务器的时间同步请求是双向的，即不存在客户端与服务器的区别之分，而是以主动对等机和被动对等机作为称呼。建立连接传送报文时一端处于主动状态（symmetric active），另一端处于被动状态。

对等体模式下的主动对等机，会持续不断地向网络中能被连接到的任意主机，发送同步请求并告知对方本身也可以作为时间同步源。主动对等机发出的同步请求是忽略对方结构层级的，对请求能否达到对方层级不做考虑。对等体模式下的被动对等机，只有当它能够收到来自主动对等机的请求，相互链路通达，并且通过报文判断出对方的层级不高于本身时，才会与对方建立连接并维持通信。否则，就将对方的请求否决掉。双方建立联系后开始传送同步报文，通过对等选择算法（peer selection algorithm）决定哪一端的时间作为同步时间源。

对等体模式的意义在于，在互联网这种结构体系非常庞大的分层网络中较低层的设备中若存在可以作为服务器的 NTP 客户机，则能为同层或较低层中的设备直接进行时间同步服务。此外，数个服务器之间互相进行通信校正彼此的时间，可以将一个子网节点内的时间保持统一。该模式保证了高层服务器的在出现故障或链路中断的情况下，下层设备的时间同步不会被破坏。

7.4.3　广播/组播模式

广播/组播模式与其他的模式不同之处在于时间同步的过程中没有请求发起方，采用广播/组播模式的服务器周期性地向广播/组播地址发布自身的时间信息，接收到信息的客户端根据报文计算网络延迟和时间偏差，从而校正本地时钟。这种模式比较适用于局域网络中，授时精度能够达到毫秒级。该模式占用的系统资源较少，使用的网络带宽较小，但并不是所有的服务器都支持广播/组播模式。广播模式和组播模式在工作原理上基本是一致的，差别是播放地址不同。

7.5　NTP 的核心算法

NTP 通过其工作原理可以使客户端从服务器获得时间同步信息，之后在调节本地时钟的过程包含四个算法，这四个算法属于协议的附加部分，它们分别是：数据滤除算法（data filter algorithm）、时钟选择算法（clock selection algorithm）、合并算法（combining algorithm）与本地钟调节算法（clock discipline algorithm），其中时钟选择过程中包含两个算法分别为交叉算法（intersection algorithm）和聚类算法（clustering algorithm）。当 NTP 客户端在某一个节点上接收到来自服务器的报文信息后，首先会处理来自不同服务器的信息，然后由系统过滤出优质的时间信息，之后通过算法再次对服务器按服务质量进行排序，最后根据筛选结果调整本地时钟，四个算法会依次使用在时间同步和校对时钟的过程里。该过程如图 7-6 所示。

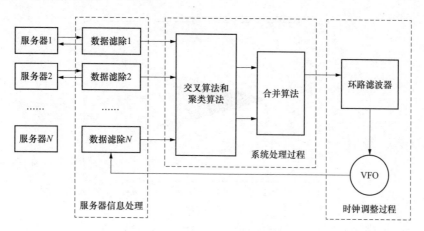

图 7-6　NTP 协议同步时间及校准时钟过程

利用 NTP 协议进行时间同步时，服务器的时间信息基于 UDP 报文传输，每完成一次数据包的往返传输，包内都含有该次通信过程中的四个时间点：客户端发送报文时间、服务器接收报文时间、服务器发送处理后的报文时间、客户端接收处理后的报文时间，通过以上节点便可计算出客户端与服务器之间的时间偏差。但是如果仅仅从一个服务器获得一次时间同步信息，会由于链路状态的不稳定加大链路延迟的不对称性，或由于该服务器的工作状态不稳定甚至故障，导致授时精度的下降甚至同步失败。因此同时、连续对多台时间服务器发送时间同步请求，即可避免上述情况的发生。NTP 协议附带的四个算法解决了如何从众多的时间信息中筛选出哪个信息准确度最高的问题。

7.5.1　数据滤除算法

数据滤除算法应用在服务器数据接收模块中，它会在服务器提供的部分数据中过滤时间信息，通过数学统计的方法使用该服务器在某一时间节点内提供的最优数据进行时间同步，它的设计目的在于保证授时精度、降低运算成本提高工作效率。

在 NTP 协议中数据滤除算法通常会对一个服务器选取 8 组数据进行筛选，从中过滤出一组优秀数据作为时间信息。实际上，任何协议的算法都根据规则的改变而不同，因此对规则的修改是有助于算法的改进的，随着 NTP 协议不断改进，在 NTPv3 版本中，数据筛选的规则为最小延迟准则。

数据滤除算法的设计基于一个结合网络流量与 NTP 报文交换分组队列情况的观察结论。一方面只有当网络流量较小，路径延迟较低的情况下，分组交换才会频繁进行，因此分组队交换的数据队列较小且稳定。另一方面，基于选路算法保证路由路径最优选择的主要功能，分组队列进一步被缩小。综合以上两点，NTP 数据分组在单向链路上遇到队列忙的情况较少，经过一次交换分组后链路双向同时繁忙的概率会更小。因此，传输链路延迟最低的时间信息中携带时间偏移量应该最优。链路延迟和时间偏差数据分布如图 7-7 所示。

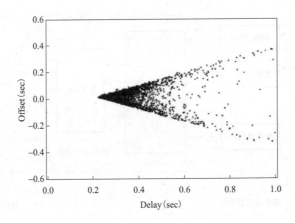

图 7-7　链路延迟和时间偏差数据分布

图 7-7 为数百组链路延迟和时间偏差数据构成的分布图，其横坐标表示传输链路延迟量，纵坐标表示客户端与服务器之间测得的时间偏差量。从图 7-7 中可以看出所有数据构成了一个楔状图形，并且大部分数据较为密集地分布在楔形顶端区域。从图 7-7 中可以得到一个结论即当传输链路延迟较小时，时间偏差值也相对较小。

采用数据滤波算法将传输链路延迟较大的数据去除，得到的数据则可以更准确地反映服务器时钟的质量。通过实验发现，采用数据滤除算法处理尖峰状数据可以大大降低授时误差。

7.5.2　时钟选择算法

时钟选择算法（clock selection algorithm）运用在 NTP 网络时间协议的系统处理过程中进行时钟选择。为了保证时间同步的稳定性，一台 NTP 客户端设备往往需要与两个甚至多个 NTP 服务器连接，该算法即通过检查相关变量对多个 NTP 服务器进行排查，排除运行状态相对较差的服务器，保留其他时间服务器来提供相对精确的时间信息和稳定的授时服务。时钟选择算法用在系统处理模块运作过程中，又分为交叉算法。和聚类算法（clustering algorithm）。其中交叉算法将所有能够提供时间同步的服务器时间源构造一个列表，根据收到的时间信息计算列表内时间源的置信区间，并将时间信息落在区间之外的时间源排除掉。聚类算法则是按照服务器提供是授时质量将他们分组排序，并选择服务质量最优的一组进行时间同步。对于每一个 NTP 服务器而言，从该服务器传送的数据包而计算出的时间偏差 t 都是相互独立的，通过前文中 NTP 工作原理的介绍可知，准确的时间偏差 t_0 一定位于区间内，并且所有的服务器都符合以上原理。因此准确的时间偏差 t_0 一定位于所有工作状态正常的服务器提供的时间偏差区间构建的交集中。那么当候选服务器提供的时间偏差值位于上述交集之内则将其通信和时间信息进行保留，反之将该服务器排除。交叉算法就是按照上述过程将提供错误信息的服务器消除。算法原理如图 7-8 所示。

图 7-8 中，S1、S2、S3 表示服务状态正常的服务器，服务器各自的时间偏差区间用圆圈表示，图中灰色的区域则是偏差区间的交集，服务器 S4 提供的时间偏差没有落到灰色区域内，则说明 S4 运行错误。聚类算法则是将 NTP 服务器的一些信息进

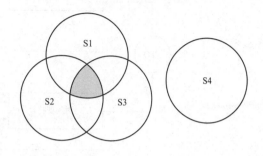

图 7-8　交叉算法（intersection algorithm）示意图

行比对并将其排序，把序列中靠前的服务器选出作为时间同步对象。该算法的排序标准由一个观察结果由来：即最可靠的时间源与各服务器提供的时间信息离差有关系，最精准的时间源与各服务器距离客户端的同步距离有关系，并且层数越小的服务器可靠性和精准度都越好。因此聚类算法的排序参考依次为服务器的层数、同步距离和同步离差。实际操作中该算法先将服务器按照层级进行排序，再由各个服务器提供的传输链路时延和时间偏差信息计算出关系距离并再次排序，最后按照信息离差排序。将序列末尾的服务器排除掉后重复上述过程，直至剩下一定数目的（最少一个）服务器，由此选择服务质量最优的一组进行时间同步。其信息离差的计算过程是：设 $n>0$ 为一组需要排序服务器的个数，t_i（$0 \leqslant i < n$）是第 i 个服务器提供的时间偏移，ε_{ij} 为第 i 个和第 j 个服务器之间提供时间偏移的差，那么对于第 j 个服务器的信息离差计算式为

$$\varepsilon_j = \sum_{i=0}^{n-1} \varepsilon_{ij} w^{i+1} \qquad (7\text{-}11)$$

式（7-11）中的 w 为一个控制因素，其作用是修正同步距离在排序过程中的干扰，NTP 协议中 w 取值小于 0.5。信息离差越大该服务器的排序越靠后。

7.5.3　本地时钟调节

时间同步的过程中除了链路不对称性，振荡器振动频率的不稳定也会对时间精度造成影响，时间偏差量经过前文介绍的服务器信息处理和系统处理两个步骤和其中包括的三个算法的修改后，客户端会使用频率/相位锁定环（frequency/phrase locked loop）对时钟时间进行修改。对时钟的调整模型如图 7-9 所示。该模型中将前面过程得到的时间信息经过一系列处理，使其转化为控制可变频率振荡器（VFO）的信号进而调节时钟的振荡频率，起到调整时钟的效果。相位锁定环能较好地修正时间偏移但对抖动的减小效果不好，而频率锁定环路的表现恰恰相反。

时钟调节算法（clock discipline algorithm）即是精确调整本地时间的算法，该算法保证客户端并不是使用得到的时间信息对本地时钟做直接的修改，而是针对不同的情况采用相应的方式调整，该算法包含相位调整和非线性相位调整两种方式。线性调整是使

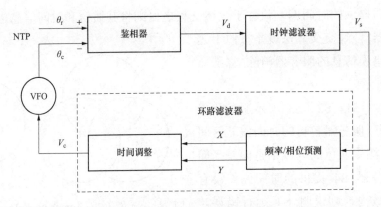

图 7-9 本地时钟调整模型

用微调的方式逐步地校正时钟，使时间单调递增。这种方法通常使用在客户端时间偏差量较小的情况下，因为通过实验发现分段渐进调整的效果要好于一次性将时间偏差作用于本地时钟。在实际过程中，线性调整方式会把时间偏移量平均分割为很多微小的单位，然后再以分割后的时间偏差量按一定时间间隔调整时钟，采用线性调整的方式进行时间修正相对来说会是一个较长的过程。线性调整方式由外循环和内循环两个部分组成，内循环是按照一定的间隔对时钟进行微小调整，外循环则按照一个可变间隔 m 对时钟进行修改。时间同步过程中客户端会对自身的时间同步精度做出一个估值，当估值的精度远大于时间偏差量的精度时，则说明 m 取值较大，时钟振荡器的稳定度没有达到该精度的要求，外循环会降低 m 取值，使估值和偏差量的精度保持一致；如果估值精度小于时间偏差量的精度，则说明 m 取值较小，应降低循环频率从而降低系统消耗。非线性调整方式通常使用在设备刚刚启动，时钟时间偏差较大的情况下，通过非线性调整方式快速地对时间进行一次调整，当系统运行稳定后，再使用线性调整方式对时钟进行微调，提高时间精度。

7.6 NTP 服务状态监测平台的设计与实现

7.6.1 总体架构

监测平台的总体架构如图所示。该平台以一台或一组测试用计算机为基础，该测试计算机安装有数块网卡用以接入不同 ISP。采用多块网卡能够避免某些原因导致的突发性的网络延迟，或网络流量突然增大从而严重影响到系统测量的准确度，接入多路 ISP 网络的设计主要为排除链路状态的干扰，也能够提升监测平台的稳定性。由于监测平台需要对目标 NTP 服务器的授时精度做出评估，因此测试计算机采用在 PCI 总线接口接入授时卡的方式保证本地时间源的高精度和稳定度，该授时卡具有 GPS 接收能力、B 码交流、直流信号解码功能及本地时间保持功能，同时该授时卡具有通过 PCI 总线为操作系统提供高精度时间的能力。平台计算机以高精度时间源作为对比时间,能够测得可信的服务器授时精度。

监测平台的核心为软件部分,软件部分可分为四个模块:授时质量监测模块,链路延迟监测模块,压力测试模块,流量监测模块。以下分别对其进行介绍。

(1)授时质量监测模块主要测试 NTP 服务器的授时性能,其中包括 NTP 服务的授时精度与授时稳定性。本模块主要采用定时向目标 NTP 服务器发送 NTP 请求,将返回的报文所包含的时间信息进行记录,通过对一段时间的持续记录,便可以得到一组包含该 NTP 服务器授时精度与稳定度信息的数据。值得注意的是,通过广域网对 NTP 服务器的授时质量进行远距离评估,必须考虑到链路因素的影响,传输链路的不对称性会引起授时精度变差,对服务器本身的时间同步质量的评估会产生影响,因此,监测平台采用通过数个 ISP 接入互联网的方式,采用多种不同的链路进行通信,结合 24h 不间断记录数据,能够对数据进行多方位分析,也能达到当某条链路状态较差时切换连接链路的功能,从而尽可能地降低链路的影响。

(2)链路延迟监测模块主要测试 NTP 服务器与请求端之间的通信链路消耗的时间,通过该数据可以间接地比对服务器的授时精度的变化。由于链路情况较复杂,网络状态微小的变动都会对链路延迟造成影响。本模块通过对目标服务器发送 NTP 请求包,根据返回包内包含的时间戳信息计算出目前链路延迟,观测当前网络流量对链路延迟造成的影响。压力测试模块主要通过软件方式产生若干个虚拟用户在短时间内对目标服务器进行访问,以近似并行的方式发起 NTP 请求。

(3)该模块主要测试 NTP 服务器的抗压能力。由于在某些时间点,或由于其他原因导致用户访问量在短时间内突然暴涨,在这种情况下,NTP 服务器很有可能会崩溃导致拒绝服务,因此,提前对服务器的最大抗压能力做出预先测试非常必要。

(4)流量监测模块主要监测本地的流量情况,由于监测平台所处的计算机不仅运行着测试软件,为了资源的优化利用与整合,还同时运行着其他软件,这些软件有可能在工作时会产生大量流量,导致本测试软件的测量准确度下降。因此,流量监控模块在监测目标网卡的流量情况的同时,当流量达到一定 i 值时,负责将测试软件接入另一块网卡,以降低本地的影响,提高整体测试精度。

平台采用的 PCI 授时卡从功能上具有三种外部时间源(GPS、直流 B 码、交流 B 码)接收保持能力,三种时间源接收保持相互独立,本地时钟可通过该授时卡提供的接口选择其中一种时间源进行调整,具体功能如下。GPS 源时间保持系统:利用伪码(C/A 码)自相关特性的本地时间保持环路,实现与 UTC 时间高精度同步的本地时间保持系统;直流 P 码和交流 B 码:根据 B 码的编码格式对直流 B 码进行解码得到时间信息,同时提取秒同步信号,实现与 B 码高精度时间同步的本地时间保持。对于交流 B 码,需将其转变为直流。B 码再解码和提取秒同步信息;模式选择:三种时间源在本授时卡中定义为三种工作模式,用户可根据需要选择当前时间源工作模式。

7.6.2　软件架构

监测平台采用 LabVIEW 编写，可运行于 Windows 系统下，除四个主要的模块以外，还包括一个用户界面，界面中包含相应模块所需的参数设置接口，也包含各个模块的输出实时图表。

授时质量监测模块与链路延迟监测模块共用一组 NTP 包发送与接收子模块，该模块中包含一个计时器，用户能够通过对该计时器进行配置以选择发送 NTP 包的时间间隔。该模块发送并接收到有效的返回包后，将其中的有用信息分别发送给授时质量模块与链路延迟模块。授时质量监测模块通过 NTP 协议原理计算出本地与服务器的时间差，并实时保存至指定目录的文件中，同时实时地绘制出图表。另外，该模块设置有一个独立的计时器，用户对该计时器进行配置，可以独立地设置该模块对 NTP 包的采样间隔，与发送接收子模块的计时器配合，能够获得多种测量间隔状态。

与授时质量模块类似，链路延迟模块将计算出报文在链路中消耗的时间，记录，保存并绘图。压力测试模块主要由 NTP 包发送与接收子模块，创建虚拟用户子模块，数据存储与绘图部分子模块。NTP 包发送与接收部分首先依据 NTP 协议规范构建 NTP 包，通过 UDP 协议发往目标服务器，并阻塞等待接收返回包。对于虚拟访问用户的创建采用创建多线程的方式，在短时间内创建出若干个线程，每个线程作为一个虚拟用户，每个虚拟用户调用 NTP 包发送与接收部分，向 NTP 服务器发起 NTP 请求。通过这种办法，能够直接评估服务器的抗压能力，在短时间内发出的请求包，若全部被响应并发回了包含有效数据的 NTP 返回包，则说明虚拟用户数量过少，可以继续增加，当返回包的数量低于发送包的数量时，则说明服务器处于压力状态，通过多次，不同发包数量的测试，可以得到服务器对集中高访问量的响应曲线，并可进一步研究。数据存储与绘图部分能够实时地将测试数据保存在指定位置，并同时通过图表显示。另外，由于可能存在同时测量压力与测量授时质量的情况，而压力测试大量占用网络资源，很可能导致本地网卡产生延迟，因此，压力测试模块单独接入一块没有进行其他测试的网卡，防止互相干扰。流量监测模块主要为授时质量与链路延迟模块服务，当这两组模块中任一开启时，流量监控模块开始监控对应网卡流量，用户可以设置或直接采用缺省的流量 i 值，当监控网卡的流量增大超过 i 值限定时，本模块将自动查找其他可用网卡并进行切换。网络流量测量技术知识体系庞大，在实际操作时会根据不同情况对测量方法进行选择，当设置完成服务器 IP 地址，采样间隔时间后，即可开始对服务器进行实时测试，通过三个不同的图表分别显示授时质量，链路延迟，流量状况。最下面部分为独立的压力测试部分，设置完成虚拟用户数量后，点击测试即可对服务器进行一次压力测试，并在响应数量处显示出服务器的响应数量，最底部的文件保存路径可以设置压力测试数据文件的保存位置。由于流量测试模块有可能会切换网卡，因此通过三个指示灯对目前接入的网卡进行显示。

7.6.3 模块程序流程与具体实现

（1）授时质量监测模块与链路延迟监测模块该模块由三个类组成，发送与接收类，链路延迟类，授时质量类。首先发送与接收类通过用户界面获取用户设置，其中包括 NTP 包发送间隔，发送次数，服务器 IP 地址，通信协议等参数。之后根据 NTP 协议构建 NTP 包，根据 IP 地址与协议类型设置网络参数，之后通过 Socket 流发送该 NTP 包，并阻塞地等待返回包。这里设置了一个失效时间，当等待时间超过失效时间后，判定发送或接收失败，重新进行发送。收到返回包后进行拆分，提取有效信息，与本地信息相结合，便得到了 NTP 协议中所述的记录四个时间的时间戳文件。

授时质量类作为发送与接收类的内部类，获取得到 T_1、T_2、T_3、T_4 后，根据算法计算得到时间偏差 t，之后根据用户设置的保存路径，将 t 与本地时间一起保存至文件。同时将 t 作为纵坐标，接收时间作为横坐标，在用户界面上实时地绘制曲线图，LabVIEW 能够很容易地绘制出所需的曲线图。链路延迟类作为发送与接收类的内部类，获取得到 T_1、T_2、T_3、T_4 后，利用 NTP 工作原理计算得到链路消耗时间，之后根据用户设置的保存路径，将链路延迟 d 与本地时间一起保存至文件。将链路延迟时长作为纵坐标，接收时间作为横坐标，在用户界面上实时的绘制曲线图。

（2）压力测试模块。压力测试模块通过多线程方式在某一时间段内对目标 NTP 服务器发出若干个 NTP 请求，并接收其返回的数据包，通过返回数据包形式判断通信成功与否，以此方式探测目标服务器的抗压能力，结束后返回在设定时间内产生的链接数与响应数，实现对目标服务器抗压能力的评估。

7.7 网络流量测量技术体系结构介绍

网络流量状态的分析本质上是对网络流量数据进行分析，因此网络流量分析体系可以参照数据工程，依次对网络流量数据进行采集、处理、分析和描述。信息采集捕获流量数据，然后传送给相应设备或软件进行处理即保存和分类，然后按照数据类型和模型做出分析，最后以直观的方式呈现出来。下面简要描述该体系中四个步骤。

7.7.1 流量数据采集

流量数据的采集是整个分析体系中的第一步，因此非常关键。在实际操作中对流量数据的采集应注意以下几点：采集的数据类型应相对全面，尽量涉及各项指标；由于数据类型不同应当建立一个统一的数据接口以便保存；采集时应对粒度或层次进行选择，判断其是否满足测试指标，降低网络开销；采集的时间间隔应根据实际情况进行调整。

NTP 协议数据包与其他信息一样从服务器到客户端的过程中，会穿过不同带宽的链路，信息经过多种设备的处理或转发，有些还会涉及虚拟专用网络（virtual private network，VPN）、网络地址转换（network address translation，NAT）、防火墙等，因此采集点的选择对数据采集起到重要影响。流量采集点可以按照以下几个不同方面来选择：进行数据捕获时是通过硬件方式还是软件实现；需要采集的流量属于哪个类型，通过哪种协议传输；是间断的抽样采集还是连续捕获数据；为了使捕获的数据能够准确地反映网络特性，需要讨论的问题是应该对部署采集点做怎样的规划等。基于以上问题在进行数据采集时可按不同身份进行区分。互联网服务提供商（internet service provider，ISP）具有对网络设备、链路规划的部署管理权限，因此可以在链路重要节点上通过部署采集工具来捕获信息；个人终端采集到目标地址发送到本地设备的数据，因此通常会通过在设备上安流量采集工具等方式实现。个人用户虽然相比于 ISP 获得的数据信息在全面性和准确性上都有所下降，但是实现方式简单且成本较低。

7.7.2 流量数据处理

网络技术在飞速发展，流量采集的首要问题是捕获的信息量过于庞大，假若对采集到的数据不做任何预处理，那么分析该流量数据的工作是非常繁重并且消耗硬件资源的。因此数据处理的过程就是在保证流量数据真实特征的前提下缩减数据规模。对数据的缩减处理主要有以下几种技术。

（1）聚集：将不同类的数据进行分组，然后合并计算该组数据的特性。使用聚集的方法虽然可以很大程度地减少数据量，但是也会流失数据的原始信息。通过对某些网络测量方法的研究表明，对数据使用聚集的方法最大可以缩减到原始数据量的 1.5%。

（2）过滤：通过软件或者硬件的方法，按照测量需求将不需要的数据类型排除掉的控制过程。过滤方法可以对数据包类型、端口号、分组长度、协议类型等进行筛选。

（3）抽样：又称取样，是通过从全部数据中抽取出一部分具有代表性的数据行进分析，通过对这部分的研究能在一定程度上了解总体样本的属性，从而进行评估和判断。该方法来源于统计学，常使用于质量检验、数据普查等学科，将该方法用于网络流量数据的处理，能够使处理过程经济、高效。抽样的方法是所有方法中，在数据缩量减和保留数据原始属性之间最折中的方法。在流量数据抽样的过程中分三种方式为系统抽样、随机抽样和分层抽样。处理过程也包括储存、检索、维护等方面。储存数据时若使用数据库储存可以方便将数据共享，若按文件储存则提高数据的灵活性。考虑到数据分析的便利性，也需要将其格式化。

7.7.3 流量数据分析和呈现

数据的分析通常首先对流量数据在单一指标上进行分析，根据测量环境和测量工具不同定义指标包含的因素如测量单位等，之后对该指标数据进行数学统计，算出均值或方差等统计量，然后由数学模型对流量特性做出估计和判断，最后通过数据挖掘对网络的本质特征进行分析数据的呈现即是将不同阶段的网络流量数据以直观的方式表现出来。根据数据的形式和分析的需求可按柱形图、折线图、饼图等表现形式在计算机图形界面（graphical user interface，GUI）上呈现。可以直接储存成报表文件，以便进一步进行数据分析和梳理。

8

PTP 对 时 技 术

8.1　PTP 对时发展历程与概念

8.1.1　PTP 对时发展历程

PTP 协议最初由安捷伦实验室的约翰埃迪森以及其他不同单位的科研人员共同研发，后来他们的工作中得到了电气与电子工程学会（IEEE）的帮助和肯定。于是在 2002 年 10 月 IEEE1588 协议正式得到美国电气和电子工程师协会的认可，正式走上历史的舞台。PTP 协议借鉴了之前使用的网络传输协议 NTP 和 SNTP 的技术，通过叠加的方式尽可能降低往返路途中的时间延迟，同时添加了可以在 PHY 层（以太网物理层）标定收发时间的时间戳技术。这种方式大大降低了设备之间响应主时钟时间同步报文的延迟，使同步精度达到次微秒级，甚至纳秒级。因此，在现今对时间同步需求越来越高的现状下，PTP 协议应用于高精度时间同步系统具有非常现实的意义。

2008 年，IEEE 标准委员会通过反馈修订对 IEEE 1588 协议进行了第二版升级，推出了 IEEE 1588 v2 版。总体上讲 IEEE 1588 协议的修订主要有如下两个方面：其一，在收发报文的信息包中添加了时间修正域，该域定义了新的数据类型一时间间隔数据类型。其二，考虑到信息通过时钟需要时间，因此添加了透明时钟模型。IEEE1588 协议这一修改改进了第一版的疏忽，再次提高了时间同步的精度，同时对以太网设备提供了更优秀的解决方案，有效地促进了网络设备的互联和同步。

IEEE 1588 在国内处于刚起步不久的情况，不是热点的研究项目，相对来说较为发展缓慢。在国外则受到了自动化领域的很多关注，许多公司和组织正推动该协议的发展，并有相关产品已经在市场上发布。2007 年 7 月，美国国家半导体公司开发研制了支持 PTP 协议的以太网收发器芯片，型号为 DP83640。DP83640 是具有记录高精度物理层时间戳的 PHY 芯片，可确保分布式网络上各节点能与主机参考时钟进行时钟同步，可以使网络系统中设备之间的时钟偏移量不会超过 8ns，因此对于监控、测量、实时数据采集及网络通信领域都有很好的支持。2009 年 8 月，美国模拟器件公司生产的 Blackfin 系列嵌入式微处理器中也集成支持 IEEE1588v2 的专用 MAC，使其在自动化与精密仪器仪表领域受到了很高的认可。现今支持 IEEE1588 协议的微处理器已经有很多款。比较常见例如 TI 公司生产的 Cortex-M3 处理器 LM3S8962，意法半导体公司生产的 STM32F107、STM32F407 系列。这类 MCU 都带有支持 IEEE1588 的 MAC，在 MAC 层完成时间戳的记录。

从 IEEE1588 协议发展可以看出，该协议受到了自动化领域的很多关注。其同时具有高精度和低成本两种实用价值，必将成为网络系统时钟同步领域中最具发展前途的解决方案。PTP 协议通过以太网实现分布式网络中各个节点之间的时钟同步过程，对时精度可以达到亚微秒级，为解决我国当下分布式电力监控系统对时精度不高，缺乏广域时钟同步技术的问题，提供了一种很好的解决方式。

8.1.2　PTP 协议的概念

PTP（precision time protocol）是标准号为 IEEE 1588 的 IEEE 标准协议，目前有两个版本，IEEE 1588 std—2002，IEEE 1588 std—2008，即 IEEE 1588v1 和 v2。

PTP 协议实现局域网内高精度时钟同步，在有硬件支持下可以达到10ns级同步精度。PTP 协议采用 UDP/IP 护组播通信和 802.3 以太网帧传递消息的方式。PTP 协议 IEEE 1588（PTP）协议用于分组交换网的时钟同步系统，可以提供纳秒级的时钟同步精度，最高可达到低于 10 纳秒的同步精度。时钟同步系统的同步精度取决于时间标签精度和网络传输引入的误差。

IEEE 1588（PTP）时间标签精度取决于记录时间标签的位置，它的软件协议栈、TCP/IP 协议栈、以太网 MAC 控制器和以太网物理收发器（PHY）都会引入毫秒至纳秒不同等级的延迟和抖动，消除这些误差的最有效方法是在最接近物理接口的位置一记录时间标签。若要达到纳秒的同步精度，至少要在 MAC 层记录时间标签，最高精度时间标签可在以太网物理层收发器（PHY）中记录，可以将 IEEE 1588（PTP）时钟内部引入的时间标签误差降到最低。网络传输引入的延迟与抖动取决于时间同步网络的拓扑结构，授时链路长，IEEE 1588（PTP）报文传输中经过的网络节点多，累积的传输时延和抖动就会比较大，授时精度会降低。为减少网络传输引入的时延和抖动，可以通过优化网络结构，缩短授时链路，减少报文传输中经过的网络节点数量等方式。

采用 IEEE 1588（PTP）透传时钟技术的网络设备，可以记录各网络节点引入的传输时延，采用 IEEE 1588v2 的传输时延和抖动的消除技术，可以有效地修正传输过程中引入的时延与抖动，提高广域网中 IEEE 1588（PTP）协议的授时精度。

IEEE 1588 的全称是"网络测量和控制系统的精密时钟同步协议标准"，它用于提升通用网络系统定时同步精度的技术规范，主要应用于实验室或产品测量控制系统、工业自动化、电力系统或远程通信等系统。其基本思路是通过硬件和软件将网络中的节点设备内时钟与网络内的主时钟实现同步，提供同步偏差时间小于微秒级的同步精度，显著改善整个网络的定时同步指标。

一个 IEEE 1588 时钟（PTP）系统包括多个节点，每个都代表一个时钟，时钟之间通过网络连接。一个简单 PTP 同步系统一般包括一个主时钟和多个备用时钟。在同时存在多个潜在主时钟 PTP 同步系统中，PTP 同步系统中的各个时钟设备将根据最优化时钟算法决定那个主时钟是当前最佳主时钟。授时同步网络状态随着网络节点时钟状态的不断变化而变化。1588 时钟（PTP）系统中所有的时钟实时地与最佳主时钟进行属性比较，当有新时钟加入 PTP 时间系统或当前最佳主时钟与网络断开或当前最佳主时钟性能下降，则其他时钟会重新根据最优化时钟算法自动决定出新的最佳主时钟。协议规定任何时钟都应实现主时钟和从时钟的功能，但同一时刻一个 PTP 系统内只能有唯一的一个最佳主时钟。整个系统中的最优时钟为最高级时钟（grand master clock，GMC），其稳定性、精确性、确定性等在当前网络中是最好的。在只有一个主时钟的系统中，主时钟就是 GMC，网内其他的从时钟须与主时钟保持同步。

简单的 PTP 时钟同步系统如图 8-1 所示。

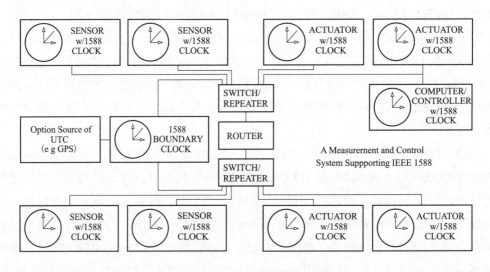

图 8-1　简单的 PTP 时钟同步系统

IEEE 1588 标准实现高精度的时间同步有以下两个假设：

（1）传输延迟是定值传输延迟不会随着时间的延长而发生变化或至少变化是缓慢的。

（2）传输延迟是对称的主时钟到从属时钟的数据传输时延，与从属时钟到主时钟的时延是相关的。

在实际应用的网络中，以上两个假设都不可能成立。协议能自动修正网络传输所造成的主从时钟间的固定延迟，需要特别关注的是由于网络传输时延抖动所造成的同步误差。网络传输时延抖动是指因协议堆栈变化、交换机缓冲、传输链路变化，处理时间变化等因素所引起的传输时间变化，它会随着网络负荷的增加而使传输延迟变大，传输延退就变得不那么对称。这些问题需要在实际的实现过程中进行处理修正，从而真正实现

IEEE 1588 设计要求的授时精度。

8.2 PTP 对时端口、报文类型、时钟模型概念

8.2.1 PTP 对时端口

PTP 时钟端口根据所处的情况不同，分为了 9 个状态。

（1）初始化状态（initializing）。初始化状态是所有端口都必须经历的状态，这个状态下，时钟不向外发出任何一种 PTP 报文，主要完成对自身的设备，收发端口，数据集的最初设定。

（2）故障状态（faulty）。故障状态下的端口，和初始化状态一样，也不向外发送任何报文，但是它能对系统中的管理报文进行响应。此时，时钟需要的是重新启动，度过故障状态。

（3）失效状态（disabled）。失效状态下的端口，既不对外发出报文，也不响应收到的报文。只有管理报文例外。

（4）监听状态（listening）。监听状态存在的主要意义是将时钟按照一定的顺序加入 PTP 同步系统中。如果端口处于监听状态，它就会等待外界的主时钟发来通知报文告知，等待超过一定的时限后，该端口会自动进入主时钟状态。

（5）预主时钟状态（pre_master）。端口在进入主时钟状态之前，先进入预主时钟状态，给予 PTP 系统中其他端口调整的时间。预处理状态的端口主要作用是调解网络，因此它只发送管理报文、信号报文以及透明时钟报文。

（6）主时钟状态（master）。PTP 系统，端头处于主时钟状态表明此端口具有最好的时钟稳定度和精确度，会对外界时钟进行时间同步。

（7）被动状态（passive）。被动状态的端口，只能发出管理报文、透明时钟报文和信号报文，其他的任何报文都不能发送。

（8）未校准状态（uncalibrated）。当 PTP 系统的子域中有多个端口处于主时钟状态时，那么这些端口会先将自己调整到未校准状态，直到子域中选出一个主时钟。

（9）从时钟状态（slave）。端口处于 SLAVE 状态，它表现为从时钟，通过调整本地时钟与主时钟进行同步。

普通时钟可能被直接指派为仅扮演从时钟。此时，它永远不会进入主时钟状态。但是子域中的时钟不能都被指定为从时钟，至少有一个时钟没有被指派为从时钟。另外，边界时钟不应该被指定为仅扮演从时钟。

8.2.2 PTP 报文类型

PTP 系统中存在两种类型的报文，分别普通报文（general message）和事件报文

（event message）。下面将对送两种类型报文进行简要介绍。

（1）事件报文主要有下面四种类型：

1）Sync：这种报文在主级时钟与从属时钟之间传输，主要从主级时钟传输到从属时钟。报文传输发送的时间一般保存在该报文中或是存在于紧随该报文的 Follow_Up 报文中。从属时钟会接收该报文，同时会估计出整个传输过程中的时间延迟及两个时钟的时间差距。以系统中端子为参考，当 Sync 报文形成这个事件发生时，本地时钟就会为其记上时间戳＜SyncEventEgressTimestamp＞或者＜SyncEventIngressTimestamp＞。

2）Delay_Req：这种报文在主级时钟与从属时钟之间传输，主要从从属时钟传输到主级时钟。主级时钟会通过一种 Delay_Resp 报文来传送该报文被接受时候记录的时间，同时利用这个时间来估计出整个报文传送形程中的时间延迟以及两个时钟的时间差距。W系统中端子为参考，当 Delay_Req 报文形成送个事件发生时，本地时钟就会为其记上时间戳＜delayReqEventEgressTimestamp＞或者＜delayReqEventIngressTimestamp＞。

3）Pdelay_Req：这种报文在不同的 PTP 端子之间进行传输。该传输过程作为同等延迟机能的其中一个组成部分，起到了计算出传输路径中的时间延迟的作用。以系统中端子为参考，当 Pdelay_Req 报文形成这个事件发生时，本地时钟就会为其记上时间戳＜pdelayReqEventEgressTimestamp＞或者＜pdelayReqEventIngressTimestamp＞。

4）Pdelay_Resp：PTP 端子在接收到这种报文时会进行响应。以系统中端子为参考，当 Pdelay_Resp 报文形成这个事件发生时，本地时钟就会为其记上作为时间标记的时间戳，可以称为＜pdelayRespEventEgressTimestamp＞或者＜pdelayRespEventIngressTimestamp＞。

和前面 Sync 报文相同，Pdelay_Resp 报文传输发送的时间一般可保存在该报文中或是存在于紧随该报文的报文 Pdelay_Resp_Follow_Up 中。若 Sync 和 Pdelay_Resp 报文的发送时间保存在他们的紧随报文 Follow_Up 和 Pdelay_Resp_Follow_Up 中时，我们称这种情况。为两级时钟；如果发送时间保存在本身的报文中时，我们称之为一级时钟。现实应用中由于一级时钟复杂较难实现，常常采用两级时钟来进行传输。

（2）普通报文主要下面六种类型：

1）Announce：这种报文具有报文的传输发送节点和最高级别的主级时钟的全部内容，一种同步层级结构能通过该报文而形成。同时该报文中包含的内容可用于顾及最优主时钟模型。

2）Management：系统中各时钟节点在管理上的指令和内容通过该报文进行传送，并通过该报文设定用时钟保存的数据的最初默认值。

3）Signaling：不同时钟间的指令、请求等内容存在于该报文中。

4）Follow_Up：报文传输发送的时间一般保存在该报文中或是存在于紧随该报文的 Follow_Up 报文中。

5）Delay_Resp：该种报文和事件报文中的 Delay_Req 报文进行配合，当系统中主级时钟收到 Delay_Req 的指令时可用该报文进行回应。该报文本身并不会形成时间戳，但本地时钟记录的和他配合的 Delay_Req 报文的时间戳＜delayRespEventIngressTimestamp＞会存在于该报文中。主级时钟会通过该报文传送该时间戳。

6）Pdelay_Resp_Follow_Up：这种报文存在于具有同等延迟机能的两级时钟中，Pdelay_Resp 报文传输发送的时间一般保存在紧随该报文的 Pdelay_Resp_Follow_Up 报文中。

8.2.3 PTP 时钟模型

IEEE 1588 系统包括多个节点，每个节点代表一个 IEEE 1588 时钟，时钟之间通过网络相连，并由网络中最精确的时钟以基于报文（message-based）传输的方式同步所有其他时钟，这是 IEEE 1588 的核心思想。

按照工作原理可将 IEEE 1588 的时钟分为两类：普通时钟（ordinary clock）和边界时钟（boundary clock）。普通时钟只有一个 PTP 端口，边界时钟包含一个或者多个 PTP 端口。每个 PTP 端口的状态主要有三种：主状态（PTP_MASTER）、从状态（PTP_SLAVE）和被动状态（PTP_PASSIVE）。PTP 端口处于主状态或从状态的时钟，分别称为主时钟（MASTER CLOCK）和从时钟（SLAVE CLOCK）。一个简单的 PTP 系统包括一个主时钟和多个从时钟，主时钟负责同步系统中所有从时钟。如果 PTP 端口处于被动状态，则意味着对应的时钟不参与 PTP 时间同步。

PTP 采用分层的主从式（master-slave）模式进行时间同步。IEEE 1588 主要定义了四种多点传送的时钟报文类型：同步报文 Sync、跟随报文 Follow_Up、延迟请求报文 Delay_Req 和延迟请求响应报文 Delay_Resp。同步过程分两步执行：

主从时钟之间的差异纠正，即时钟偏移量测量。在图 8-2 中，主时钟周期性（一般每隔 2s）地给从时钟发送 Sync 报文，此报文所包含的信息有：报文在网络传输时刻的估计值和事件序列标识值（sequence Id）等。在主时钟的介质独立接口（MII）处连接有报文时标生成器，它可精确测量 Sync 报文的发送时刻（1T），主时钟随后发送 Follow_Up 报文，该报文中携带 1T 信息以及相关事件序列标识值（associate sequence Id），此标识值必须与同一个时钟发送的最新的 Sync 报文中的 sequence Id 相对应。在 PTP 时钟同步的过程中，一般情况下，每一个同步报文都有一个相应的跟随报文紧随其后。从时钟通过内部的报文时标生成器，精确测量 Sync 报文到达时刻（2T），确认所收到的 Sync 报文和 Follow_Up 报文里的序列标识值相等后，比较 1T 和 2T，纠正从时钟与主时钟之间的时间差异。

主从时钟之间通信路径传输延迟的测量。从时钟发送 Delay_Req 报文给主时钟后者回应 Delay_Resp 报文。报文的双向传输中都包含了精确的传输时刻，从时钟利用此时间差异可以计算传输延迟。此测量方法要求传输路径对称，即发送延迟和接收延迟相等。

典型的 PTP 主从时钟之间的时间同步模型，如图 8-2 所示。

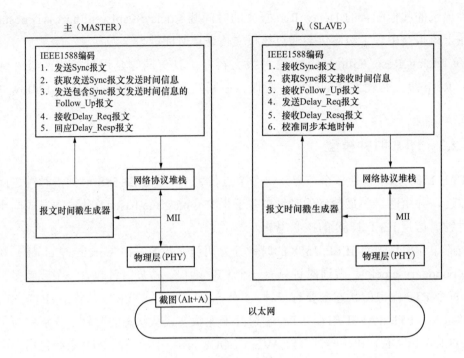

图 8-2　PTP 时间同步模型

8.3　PTP 对时原理

主从时钟的时间同步具体过程可以分为时间偏移测量阶段和链路延迟测量阶段。其具体的同步原理如图 8-3 所示。

8.3.1　偏移测量阶段

由于使用的是 UDP 协议，主时钟随机多次地向外发送时间同步报文，这个同步报文的主要功能是提醒在同一个子域的设备进行时钟同步，虽然它含有其离开主时钟的大体时间，但是这个时间不是报文离开的准确时间，只是系统对报文离开时间的一个估计。所以为了保证精度，主时钟随后紧跟着发送出自己的跟随报文，这个报文的作用就是将时间戳记录下来的同步报文离开主时钟的精确时间发送出去。这个主时钟子域内的时钟接到主时钟的同步报文和跟随报文后，对报文进行解析，提取时间戳中的时间。这样从时钟就得到了主时钟发送同步报文的准确时间 t_1 以及从时钟接收主时钟同步报文时的准确时间 t_2。

如图 8-3 上半部分所示，假定主从时钟之间的时间偏差是 O_{offset}，此时网络上的未知的链路传输延时是 D_{elay}，那么根据所获得的两个精确时间 t_1 和 t_2，我们获得以上主从时间偏移计算式，即

$$t_2 - t_1 = O_{\text{ffset}} + D_{\text{elay}} \tag{8-1}$$

8.3.2 延迟测量阶段

为了测量主从时钟之间的链路延迟，接收到跟随报文后，从时钟主动向主时钟发出延时请求报文，同时用时间戳准确地记录该报文离开时的时间 t_3，当主时钟收到延时请求报文之后，用时间戳精确的记下该报文到达主时钟的时间 t_4。接下来，主时钟发送出延迟响应报文，这个报文的作用和跟随报文一致，主要目的是完成对 t_4 的回传，如图 8-3 下半部分所示。利用偏移测量阶段的假定，我们可以得出主从时钟计算式，即

$$t_4 - t_3 = D_{\text{elay}} - O_{\text{ffset}} \tag{8-2}$$

分析式（8-1）和式（8-2），两式左边的时间值 t_1、t_2、t_3、t_4 均是已知的，这样可以

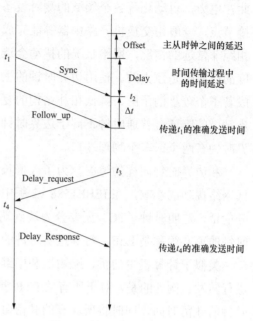

图 8-3　PTP 时钟对时原理图

计算出我们需要的主从时钟之间的时间偏差，如式（8-3）和网络上的未知链路传输延时，如式（8-4）所示。这样从时钟可以完成自身的时间同步了。

$$D_{\text{elay}} = \frac{(t_2 - t_1) + (t_4 - t_3)}{2} \tag{8-3}$$

$$O_{\text{ffset}} = \frac{(t_2 - t_1) - (t_4 - t_3)}{2} \tag{8-4}$$

8.4　PTP时间同步系统简介

8.4.1　PTP 系统

PTP 协议是一个介绍如何实现主从时钟时间精确同步的协议，指导分布式系统中的多个网络节点同步对时。在 PTP 协议中，PTP 系统主要由直接参与 PTP 时间同步和辅助 PTP 时间同步的两类设备组成。

PTP 协议中将 PTP 设备又分为 4 种类型：第一种是 PTP 中一般意义的时钟—普通时钟，简称 OC，第二种是对系统进行网络分解降低拓扑难度的时钟—边界时钟，简称 BC，第三种是通过时间修订后感觉不到存在的时钟—透明时钟，简称 TC，最后一种是时钟中的管理者—管理节点（management node）。

作为网络中一般意义的 PTP 节点，普通时钟既可以充当主时钟可以充当从时钟。因此在电力，自动化等各个领域的测时设备也是普通时钟。边界时钟作为分布式系统的转接节点，一般由交换机、路由器等能完成信息收发的网络设备充当。如果出现主从时钟相距非常远的情况，网络状况的扰动会造成很大的对称性偏差，这种偏差对时钟同步精度的影响也是巨大的。使用边界时钟的主要目的是硬件上将一个大型的网络拓扑结构分成若干个较小的子网，降低拓扑结构的复杂程度，同时也缩小非对称扰动带来的时间同步精度的降低。普通时钟不同于边界时钟，主要区别在于它的同步端口仅有一个。而边界时钟有两个或多个物理端口。

和边界时钟同样的考虑，为了改擅长距离的主时钟和从时钟之间网络拓扑结构，降低网络扰动的影响，在 IEEE1588 v2 版中正式提出了添加透明时钟的概念。具体进行划分的话，透明时钟（TC）还要分为端到端透明时钟和对等透明时钟。其中，端到端透明时钟的英文简称是 E2E，对等透明时钟的英文简称是 P2P。

类似于计算机中的桥、路由器和中继器的功能，端到端透明时钟对接到的全部消息进行转发。例外的是，对于所有的 PTP 事件信息，端到端透明时钟会计算出消息通过该时钟的驻留时间，同时将所计算的驻留时间写入到通过的 PTP 事件信息的特定字段中。这个特定字段是 PTP 事件消息和随之而来的消息的时间修正域（correction field），它传输到从时钟后将帮助从时钟完成时钟更好地校准时间。

E2E 透明时钟只测量 PTP 事件消息穿越它的时间。P2P 透明时钟除此之外，还计算每个端口和与它分享这条链接的另一端（也要支持 P2P 透明时钟）的链路延迟。P2P 透明时钟使用对等延迟机制测量端口与端口之间的链路延迟。

8.4.2 PTP 子域

为了防止网络的拓扑结构过于复杂，PTP 协议在逻辑上对 PTP 网络进行了人为的分割。这种分割就产生了 PTP 子域。和局域网类似，在 PTP 总系统的层面来看，PTP 子域就是一个个独立的小节点；而在 PTP 子域内部来看，PTP 子域是 PTP 时间同步分系统。因此虽然任何一个时钟都有机会成为系统的主时钟或者从时钟，但是在一个 PTP 子域中，有且仅有一个主时钟。假如系统中出现的主时钟个数大于 1，系统会调用最佳主时钟算法对存在的两个主时钟候选者进行判决最后选择最优的时钟成为主时钟。同时 PTP 子域也决定了该子域下面各个时钟的重要信息，比如数据集，状态转换等等信息。在一个 PTP 子域中，时间同步可以独立地进行，完成对子域内的时钟进行校准。PTP 子域内部的时间同步都是相互独立的。PTP 子域的划分主要是依靠边界时钟实现的，边界时钟存在两个或者多个端口，因此不同的端口正好属于不同的子域，最后通过边界时钟完成整个 PTP 系统的时间精度的提高。PTP 子域的划分方式没有定论，子域下的时钟数也没有定数。每一个 PTP 子域都存在一个 0～255 的数字与它对应，因此现阶段只能在一个系统中划分出 256 个 PTP 子域。具体的域号表如表 8-1 所示。

域号	0	1	2	3	4~127	128~255
表 8-1			PTP 域 号 表			
说明	默认域	可选的域 1	可选的域 2	可选的域 3	用户自定义的域	保留

8.4.3 主从层次同步结构

时间同步存在的必要性说明系统中各个时钟的时间各不相同,因此必然存在一个最精准的时钟,这个时钟就是我们需要的提供参考时间的参考时钟。系统中的其他时钟点根据这个参考时钟来调整本地时钟,从而达到时间同步的目的。上面介绍的参考时钟在 PTP 协议中被称为主时钟,而完成时间同步的时钟被称为从时钟。这两种时钟就是 PTP 协议中完成时间同步的时钟。PTP 协议对于大型网络的主从层次同步结构进行了严格的拓扑结构规定。

图 8-4 所示为简单主从时钟同步体系,M 代表主时钟,S 代表从时钟。大型 PTP 网络中包含很多 PTP 设备,其中存在精度最高的时钟,它处于时间同步结构中的最高点,因此也被称为超级时钟。该时钟一般作为主时钟,对其他时钟提供时间精度提升。如果遇到更高的时钟精度,比如 GPS,该时钟也同样将自己放在从时钟的角度上,完成时钟时间的校准;接下来是第二层结构,这层结构包括边界时钟和普通的从时钟。他们可以从精度更高的主时钟获得时间精度的提升,因此在这一层次上这些时钟的状态全部都是从时钟;继续往下则来到边界时钟划分的 PTP 子域中。这些子域一般以边界时钟为主时钟,完成自身的时间校准。由图 8-3 介绍可知,PTP 时钟是一种分层的结构,这种结构方便了时间同步,简化了拓扑结构,非常适合现当今的发展趋势。

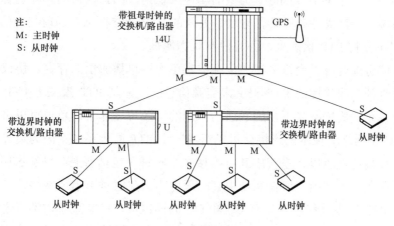

图 8-4 简单主从时钟同步体系

8.5 PTP 对时通信接口

PTP 通信中主要是通过端口实现的,PTP 系统节点网络接口称为端口,端口可以进行报文的收发，及运行状态协议机。时钟端口模型如图 8-5 所示。

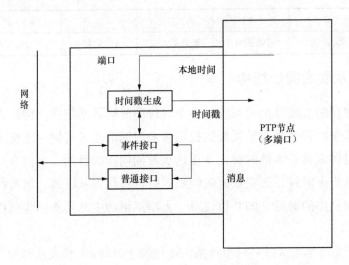

图 8-5　时钟端口模型

　　PTP 普通时钟、边界时钟和透明时钟的每个端口建模为支持事件和普通 2 个接口。如上图所示当报文通过网络到达端口后，会判定是否为事件报文，事件报文经由事件接口，反之经由普通接口。在 PTP 协议中对事件报文和普通报文的处理做了说明，事件报文在发送和接受的时刻需要记录下时间，对于普通报文则没有相关处理流程。时间戳的生成是由本地时间加载，上图模型只是一个端口模型的呈现，无论普通时钟还是边界时钟，都支持事件报文和普通报文。在端口中执行一个单独的 PTP 协议。

　　PTP 端口由一个 Port Identity 类型的属性来识别，PTP 端口中存在两种端口：有状态和无状态端口。有状态端口具有与端口关联的 PTP 状态机维持当前状态的特征。无状态 PTP 端口不支持 PTP 状态机，并且没有状态属性。

　　PTP 通信协议既可以允许多播通信存在也可允许单播通信的存在。协议中的主要信息都是通过时钟之间传递的 PTP 报文来交换信息的，即是 PTP 报文为 PTP 系统中的重要组成部分。在一般情况之下，PTP 通信系统的组成可以非常简单也可以很复杂，简单的 OC 与 BC 在网络路径中的连接就可以组成一个 PTP 同步系统。因为边界时钟拥有超过一个的时钟端口，所以在系统中其可连接多个时钟（包括普通时钟和透明时钟）。OC 时钟因其只存在一个端口，所在系统中其一般作为祖父时钟节点或网络从节点的形式存在。在一个 PTP 同步系统中若只有 BC 和 OC 共同组成，PTP 系统内部可通过其相关算法机制确保一个时钟端口只与另一个时钟端口同步，即虽然形式上时钟的连接是允许环型存在的，但是 PTP 系统机制在逻辑上不允许环形同步形式存在的。

　　在其他情况下，系统中存在的交换设备，如路由器、交换机等等，协议假定这些设备能让报文数据在系统内时钟之间的传递能够顺利，不至于形成循环。尤其是在所形成的 PTP 域和 PTP 通信路径上，多播模式下报文传递不会产生循环。

8.6 PTP 对时技术的优缺点与应用前景

通过研究表明，基于 IEEE 1588 时间精确同步协议的对时方案，一方面不仅可以提高电力系统各个环节之间的时钟同步精度，保障了电网参数校核和电网故障测距的准确性，以此来提高网架系统的故障分析能力；另一方面还可以提高电力系统的集控管理水平和稳定控制能力；同时也让系统各环节时间基准的调节和变换实现的较为容易。另时间同步的精度也有待进一步提高。

通过本章叙述，我们可以看到，IEEE 1588 在电力系统中应用的优势，解决了现有系统对时精度不高的问题。与此同时也存在诸如主时钟的容错能力，振荡器对时钟的影响等需要进一步提高的地方。目前，国内外专家也开展了关于这方面的研究与讨论，未来该协议会有进一步的突破，也会在更多领域推广应用。

9

时间同步监测系统

9.1 时间同步监测系统概念

目前我国时间同步中测分析的信号包括脉冲信号（1PPS、1PPM、1PPH）、IRIG-B码、网络同步时间信息（NTP、PTP）。脉冲信号属于点对点单向同步，需专线传输达到对时目地，因此无法对其同步过程进行评估，只能对同步结果进行固定补偿来纠正时间延时。而 NTP 和 PTP 的同步载体是以太网，主、从时钟通过双向通信达到同步，且每个传输的数据包都加有时间戳，可以实时计算时间延时，从而达到动态补偿。电力时间同步网组成示意图如图 9-1 所示。

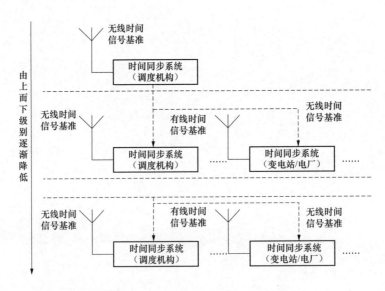

图 9-1 电力时间同步网组成示意图

对与监测终端来说，按照其参照的基准不同，可以将监测方式分为相对监测和绝对监测两种。

（1）相对监测。主站监测设备从各小室子站（被授时设备）获取同步信号精度信息后，用调度（上级授时部门）传输过来的时间信号作为比对基准，算出主站、与被授时子站间的同步偏差，然后将数据上报到调度的在线监测系统进行分析、处理。这就是相对监测原理的过程。其原理如图 9-2 所示。

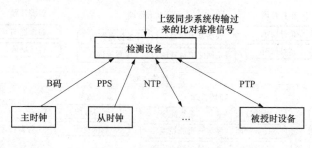

图 9-2　相对监测原理图

（2）绝对监测。绝对监测与相对监测原理相似，只是比对基准不同，仍以宁格尔站为例，站内主站监测设备获取各小室信息后，用主站自身的卫星信号源作为比对基准，比出的偏差信息仍是上报上级监测系统进行分析、处理。

（3）两种监测方式比较。相对监测是采用地面链路技术实现的，比较安全可靠，绝对监测是采用卫星信号技术比对，监测终端需配置北斗卫星模块成本高，且一旦卫星信号出现问题，则监测信号就会受影响。

9.2　时间同步监测系统功能与结构

9.2.1　系统架构

为了加强对时间同步系统的管理，对时间同步装置实现闭环监测，需要对时间同步系统的各项状态进行实时监测，及时发现设备故障，避免因为设备故障影响被授时设备的稳定运行，故开发时间同步监测网管系统。网管系统的逻辑结构分为平台层、服务层和应用层，具体结构如图 9-3 所示。

平台层是系统的基础，主要存储数据模型。平台层包含实时数据模型和历史数据模型。实时数据库反映实时情况，包括实时钟差和各时钟状态信号；历史数据库主要存储站内钟差和广域钟差数据，方便查询统计。

服务层是系统的核心，承上与应用层通信，获取应用层请求，分析后返回给应用层展示，启下连接数据库层，将信息存储。服务层分图形处理包、系统管理、安全管理和业务相关的网络拓扑分析、告警、报表及设备运行情况分析等。

应用层主要面向客户，向客户展示界面，主要包括设备发现、拓扑管理，运行状态管理、告警管理及报表管理。其中设备发现包括设备自动发现、设备手动添加功能，拓扑管理包括拓扑展示、拓扑修改功能，运行状态管理主要包括设备基本信息、设备网络信息管理、系统配置管理，告警管理主要包括各种告警通知方式管理，报表管理包括设备统计和钟差统计分析管理、状态分析等功能。

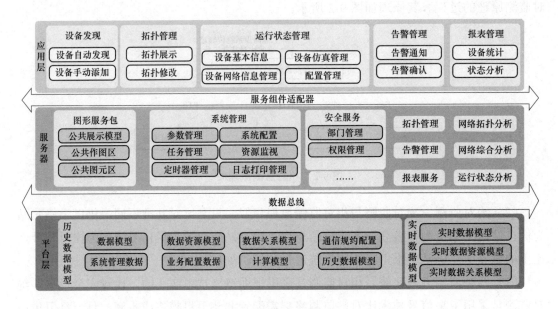

图 9-3　时间同步监测系统逻辑结构图

9.2.2　系统平台

时间同步系统平台采用的是分布式系统架构，建立三层 C/S 模型以及事物流模型。实现模块化设计，方便程序编写，将大部分公共部分放在平台中实现，降低使用系统的技术门槛。对于业务流程中事务流比较突出的设计，通过已有模块的灵活选用可以构建出合适的模块调用流程，提高业务快速开发能力，降低需求变更的风险。技术选择方面，尽量选用标准技术和成熟技术，如国际标准和国家标准，XML，G 语言，CIM，CIS 等，方便后期接入其他厂商设备与技术，并支持各种标准规约。接口设计应该灵活可变，并提供统一定义好的编程 API 接口，方便二次开发，支持多种接入方式。可以在多种硬件，软件平台上实施，兼容性好，这样可以方便商务采购的成本控制和工程布置的灵活性。针对国内电力系统复杂的招投标环境和用户五花八门的需求，本系统在同一个平台的支撑下，应该提供模块化的组合报价方式，可以方便按模块定制裁剪，并可根据序列号的级别自动选定安装包中的模块。

9.2.3　系统设计

（1）C/S 模型设计。系统的 C/S 模型设计如图 9-4 所示。

需要注意的是消息总线接收和发送是可选的，有的进程只接收消息不发送消息，也有的只发送消息不接收消息，有的既发送消息也接收消息，消息总线使用灵活。

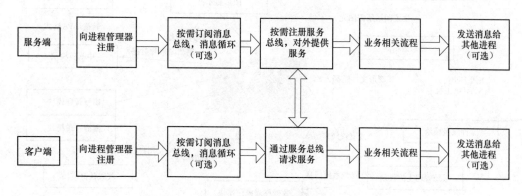

图 9-4　C/S 模型设计

服务总线的使用一般是成对出现的，端口号和服务号必须一一对应。

一般偏业务的程序选用消息总线来通信，而偏数据流和偏平台层的选用服务总线来交互。

（2）事务流模型设计。事务流模型描述的是业务触发流程，其具体流程设计如图 9-5 所示。

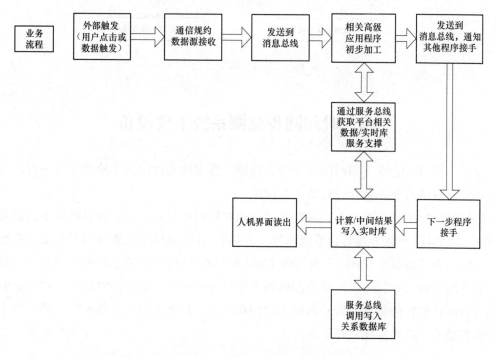

图 9-5　事物流模型设计

（3）平台模块关系设计。平台模块主要包括两部分，一是实时数据库模块，二是商用数据库模块。这两个主模块与其他模块的关系如图 9-6 所示。

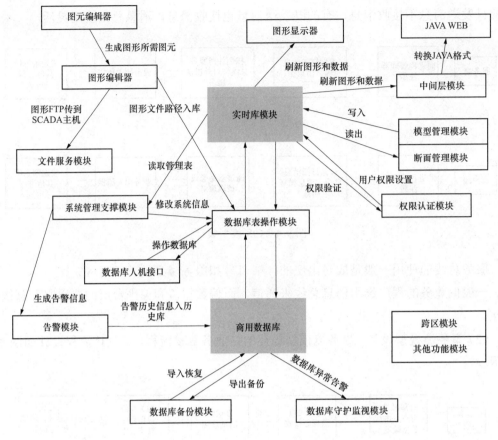

图 9-6 平台模块关系设计

9.3 时间同步监测系统主要设备

通过部署 TMU 设备和时间同步综合检测网管来构建时间同步检测综合平台，对全网时间同步设备及业务装置进行统一监控。

时间同步检测综合平台在局端配置调度端时间同步设备、中心站时间同步监测设备（简称中心 TMU 设备）及综合监测网管（主站）；在各变电站设置时间同步站端监测设备。时间同步监测设备 TMU 分为站端 TMU 和中心 TMU，需要实现两个功能，一是实现广域上的时钟差别监测，即能监测出各个站点与中心站点之间的时钟差异；二是能够实现站内时钟差异的监测，即站内的主时钟和从端、扩展装置的时钟差别；通过中心端综合网管功能，能够实现故障定位。

9.3.1 站端 TMU 设备接入方案

时钟设备在进行站内授时的同时，将自身的 IRIG-B 码及状态信息上传到站端时间同步监测装置（站端 TMU），由该装置完成某路主时钟 IRIG-B 码转 PTP（E1）信号的协议转换功能以及站内设备状态信息收集功能，同时完成待测信号的站内钟差计算（以上述主时钟 IRIG-B 码为裁判），完成站端精度监测。站端 TMU 将转换后的 PTP over E1 信号通过 2M 通道传回调控中心的中心站 TMU，并把站内所有时间同步设备的状态监测结果信息通过数据网传回给综合监测网管。

站端 TMU 需要具备的基本要求如下：一是能接受接收时钟装置发送的时钟状态信息，支持 104 规约；二是收时钟装置发送的 IRIG-B 时间码；三是上送监测结果信息，支持 104 规约；四是上送 PTP（E1）信号；五是输出脉冲信号。站内时间同步系统接入方案如图 9-7 所示。

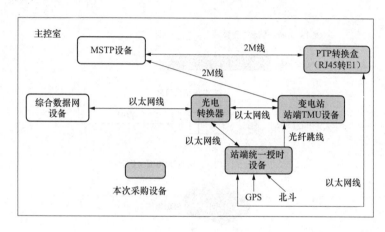

图 9-7 站内时间同步系统接入方案

9.3.2 中心端 TMU 设备接入方案

广域时差监测功能用于监测调控中心的主时钟与变电站端主时钟之间的误差。根据"智能电网安全通信与智能化网络管控技术研究"的研究成果，论证了基于地基的授时链路，如 PTP over SDH 等方式在电力系统内应用的可行性。这就对广域同步精度提出了较高的要求，同时，对广域时差的监测，也提出了新的需求。当利用地面授时链路作为主用链路时，如果广域时差较大，对整个变电站的被授时设备都会产生影响。

同时，随着新技术的发展，行波测距等业务也对广域同步提出了越来越高的要求：行波测距装置具有远传功能，根据设定的条件自动向调度端上传测距数据和分析报告。上报信息为距离信息，携带的时标需要达到 1us 的精度。这是因为，线路两端的行波测距装置是基于 B 列中 1us 的时间同步准确度进行采样，因此采用数据的同步精度要求为 us 级。线路故障发生时，行波测距装置是本地根据同步采样的数据进行处理，再向调度端上传处理后的信息。若广域时差较大，行波测距两端时间不同步。会造成测距失败或测距不准确。

如图 9-8 所示，中心端在线监测网络的信号流主要是由下而上，各站端监测结果信息通过数据网直接上送至主站，而各站端 PTP（E1）信号将会上送到中心端 TMU，该装置的外部时间基准为中心站一级基准时钟；其中，N 套时间同步监测装置以点对点方式（E1 接口）接收全网 PTP（E1）信号，进行广域时间准确度测量并得到测量结果，监测结果和设备自检信息通过局域网上送至主站；同时由服务器（主站）接收中心交换机上传的各变电站状态监测数据，通过主站系统完成统计、分析、显示、告警等功能，达到全网时间同步监测的目的。

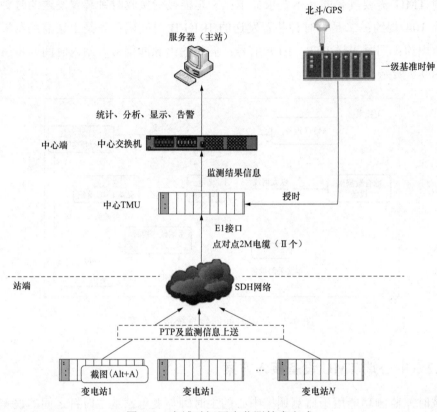

图 9-8　广域时间同步监测技术方式

中心端 TMU 具备如下基本要求：一是接收基准时钟发送的授时信号（如 IRIG-B 码），并与其同步；二是接收各变电站上送的 PTP（E1）信号，并进行广域钟差计算；三是上送监测结果信息，支持 104 规约。

9.4　时间同步监测系统实现方案

9.4.1　时钟同步监测系统设计思路及原则

时钟同步监测管理系统设计思路及原则基本采用技术设计重点突破通信通道精确时间传递和误差测量及补偿，再根据蒙西电网时钟实际运行状况及特点，设计开发以操作简便、数据全面、图文结合、便于维护的方式设计用户界面及功能模块；用户界面功能模块按现场变电站实际应用数据要求设计一套包括以图形、报表、曲线、数据分析、系统维护及开发的显示画面具有实时动态着色功能的时钟监测管理系统。同时，系统设计采用具有图库一体化管理模式，集成绘图、数据库录入等功能。

设计思路以方便用户管理系统设计以减少用户数据录入工作量为原则，用户在绘图时可自动、智能化地完成部分数据库的录入，减少了用户的工作量、提高工作的准确性。例如当厂站端设备按照分配的 IP 地址、端口号接入调度数据网，在调度端管理系统只需要输入厂站名称及相应的 IP 地址和端口号，即可自动生成厂站端设备的详细参数及系统结构图（包括虚拟显示出机箱中的模块配置情况以及每个模块的状态，这些信息由厂站端时钟设备发送的数据包自动分析生成，无须人工置入）。

系统界面设计以用户方便使用为原则，显示界面包括首页、分布图、实时数据、运行工况、秒差统计、历史数据、越限监视、事件记录、维护定义、主站工况、省地调监测、前置数据转发等相关界面。

（1）标准时钟源设计思路。监测中心配置一套具备集成 GPS/北斗多源时钟装置作为标准时钟源，不同系统间无缝切换，系统能对输入的每路时钟源进行单独的稳定性（波动情况）测量，以及多时钟源间的时差测量，同时侦测异常秒信号并滤波。当某一路卫星的时间信号接收单元发生故障时，能自动无缝切换到另一路卫星的时间信号接收单元接收到的时间基准信号，实现时间基准信号互为备用。时钟装置配置高精度铷原子时钟。采用原子振荡器作为核心基准频率器件，形成高稳定度的时间基准和测量依据。

时钟装置设计具有双路电网频率同步高精度测量功能，支持通过网络、串口与其他系统通信，串口支持多种标准通信规约，网络方式支持 PTP 对时协议（IEEE 1588v2）和 SNTP 协议。网络方式接口模块间相互独立配置，并分别与不同安全分区的系统同步对时，满足二次安全防护有关要求。

（2）监测主站设计思路。主站系统主要包括服务器、工作站、核心时钟、系统软件、E1 扩展单元等部分组成。主站通过调度数据网或 E1 专线与各地调、厂/站时间监测装置（TMU）通讯，实现对地调，各，厂站端时钟系统的单元（主钟、备钟、扩展时钟等）时间偏差值、时钟工况与状态、输出时间准确度（时间偏差）及监控系统、相关二次设备 SOE 时标的监测，通过专用的监测平台软件对各厂/站上送的监测信息进行统一分析和后期处理，并提供多种形式的良好环境和管理界面。

监测中心配置一台核心时钟源，接收 GPS、北斗卫星时间结合铷原子模块对时间进行平滑处理和精确跟踪，获取稳定时间基准。通过数据网或 E1 专线，向所有厂站 TMU装置提供基准时间，并可以通过网口、串口向 EMS、电量等主站系统及主站时间监测装置提供高精度授时信号。

监测中心配置一台主站时间监测装置 TMU，用于接收监测中心的基准授时信号，支持 E1/PTP 等方式向地调、厂站端扩展。主站时间监测装置支持 NTP 方式监测 EMS、电量等系统的时间状态。

监测中心将各类监测数据信息统计分类：监测信息、预警信息、配置信息、日志信息等涵盖整个时钟设备的监测。在此基础上，对数据库的监测数据根据相应标准进行处理、应用、统计分析，并据此建立时钟设备与对应被授时设备的关联关系。

（3）系统程序设计思路。系统采用双机集群的软件结构，如图 9-9 所示。

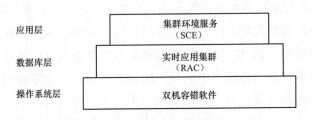

图 9-9　软件系统构架图

1）系统层设计思路。程序设计时，操作系统层采用在集群的每一个服务器节点上都安装了双机容错软件，提供基本的双机集群运行的软件环境的设计思路。

2）数据库层设计思路。在数据库层，系统使用的 Oracle 10g 数据库配置了 RAC 群集选件。RAC 群集通常由两个或更多服务器节点组成。在 RAC 环境下所有的节点上都至少运行一个实例，所有实例可以并发地对同一数据库执行事务。RAC 为每节点共享数据的存取提供一致性和完整性的协调。RAC 可以充分利用多个节点的处理能力，从而改进系统的吞吐量和可伸缩性并改进响应时间。

RAC 也为在集群环境中解决节点失败提供了一个理想的高可用性解决方案。在 RAC 环境下当发生节点失败时幸存的节点可以恢复失败节点的损失，并继续提供数据存取服务。

3）应用层设计思路。在应用层上自行开发的集群环境服务（SCE）软件提供在集群环境下对分布式服务的统一的管理和协调手段。

根据可靠性和性能的要求，可配置集群环境各节点上可以运行的服务程序、服务所属的类型及相互依赖性，SCE 同时监视各个节点分布式服务程序的运行情况，当某服务程序运行发生异常可自动根据配置启动和关闭相关服务或将服务程序切换到其他工作正常的节点上运行，保证服务程序连续不间断地为客户端提供服务。

（4）系统的数据库结构设计思路。时钟监测管理系统设计时采用实时数据库与商用数据库有机结合的思路，系统的数据库由自行开发的基于内存的实时数据库和大型商用数据库 Oracle 两部分构成，系统的数据库结构如图 9-10 所示。

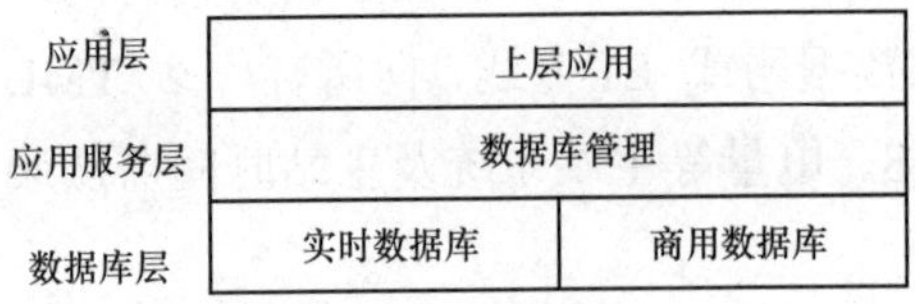

应用层	上层应用	
应用服务层	数据库管理	
数据库层	实时数据库	商用数据库

图 9-10　系统的数据库结构

实时数据库主要用于数据的快速响应，商用数据库提供数据库模式的定义和历史数据的存储。两部分数据库之间的协调和数据的一致性由专门的数据库管理模块进行自动维护，提供给上层应用的是统一的访问接口。

实时数据库中主要存储系统的各种运行参数、当天的原始数据、应用数据以及各种统计考核数据。由于实时数据库将所有的数据存储在内存之中，并对插入、删除、查询等常用的操作进行了优化，可以获得比访问商用库快数十倍的操作速度，因而可以大大提高数据处理、计算、统计分析、考核、查询等过程的处理速度。

数据库管理模块提供即时同步和定时同步两种方式实现实时数据库与商用数据库之间的数据同步。

实时数据库与商用数据库的有机结合，避免了系统在数据采集、数据处理、统计计算过程中对商用数据库的不必要的频繁存取，降低了商用数据库的负担，达到数据的快速响应以及提高系统的整体运行性能的目的，完全能够满足对测量数据的及时性和准实时性的要求。

（5）系统应用界面设计思路。首页界面显示当前最新发生的若干条秒差异常告警、通信中断异常、运行状态告警信息的列表，点击下拉箭头可以选择所要看数据的厂站和站内各设备实时数据的曲线与柱状图。将重点关注的数据用曲线图、柱形图等方式显示，以及重要数据的统计分析。

9.4.2 时间同步监测管理关键内容

时间同步监测管理系统按现有调度管理方式进行分层、逐级管理。按功能可分为时间同步在线监测、时间同步网管、智能纠偏和时间同步评价体系等四大部分。

（1）时间同步在线监测。时间同步监测管理系统实现被监测设备的时间同步状态及故障的在线监测，监测内容涉及时钟设备工作状态和告警信息、时钟设备和 NTP Server 等被授时设备时间同步状态等。

（2）时间同步网管。时间同步监测管理系统采集用电终端到用电主站的数据，并对采集的数据打时间戳，根据相应的算法及告警阈值进行分析比对，对时间偏差超出阈值的装置产生告警；及时发现被授时设备的时间偏移并及时纠偏，为提高生产安全生产水平和故障后的分析处理提供时间依据。

通过对基准时间同步信号和被授时设备时间同步状态准确度和稳定度的监测，最终实现时间用户全环节的状态跟踪、综合分析和信息上报，为时间同步网管系统的分析决策提供数据支持。

时间同步监测管理系统对报送的数据进行智能分析，通过分析判断被监测设备的时间准确度及稳定度，实现信息的实时显示、查询、统计分析等功能。其主要内容包括数据存储、分析与处理，配置管理，资产管理与维护等。

（3）智能纠偏。

1）智能纠偏技术提出背景。通常情况下，时间同步监测管理系统监测到某台时间同步装置存在明显时间偏差时，会产生告警信号，然后由值班人员通知时钟主机所在的主管部门进行人工干预。但在一些偏远的无人值守变电站，为减少时钟主机较大时间偏差带来的潜在危害，及时的时间同步智能纠偏就显得非常必要。

智能纠偏涉及纠偏方案设计、纠偏时延测量与补偿、纠偏可靠性技术研究等关键内容。何种权限的操作人员可以实施远程纠偏，装置出现多大时间偏差时需要进行远程纠偏，场站监测系统可以对何种范围的装置进行纠偏，主站监测系统尤其是省调监测系统可以对何种范围的装置进行远程纠偏，不同厂家时间同步装置处理性能及不同传输介质、不同网络环境等对纠偏信号处理及传输的影响在纠偏方案设计时都需要充分考虑。

2）智能纠偏实现。通过将各级时钟接入到智能纠偏系统，结合时间同步监测系统实现状态可监测，且监测结果可上送，时钟在线监测系统出现时间偏差告警并将告警发送到时钟智能纠偏系统，从而实现时间偏差智能分析，根据分析结果进行智能纠偏。时间同步管理体系如图 9-11 所示。

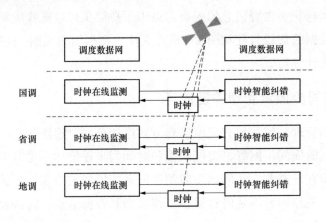

图 9-11　时间同步管理体系

智能纠偏带来便利的同时，如果被非法利用会带来不利后果，攻击者可以利用该功能将运行正常的时间同步装置的时间进行任意修改，从而造成时间紊乱，因此纠偏时必须考虑安全性与可靠性，可将信息安全防护技术应用到智能纠偏中：对参与纠偏的监测系统与同步装置双方的身份进行合法性验证，对监测系统下发的纠偏数据在网络中传输的完整性进行防护，从而抵御网络黑客攻击，确保纠偏过程的安全性与可靠性。电力时间同步智能纠偏研究创造性地将信息安全防护技术应用到时钟同步智能纠偏中，结合调度数字证书、USBKey 等强身份认证手段，利用对称及非对称密码算法、可靠的安全认证协议实现对下发的纠偏报文在网络中传输的完整性进行防护，从而抵御网络黑客攻击，确保纠偏过程的安全性与可靠性，实现了时钟纠偏过程的安全可管可控。

（4）时间同步评价体系。时间同步工作涵盖时钟资产，涉及供应商服务以及时间同步日常运行维护等因素。项目从时钟资产质量、时间同步应急响应、时钟产品供应商服务等环节入手，深入研究时间同步综合评价相关技术，实现时间同步日常管理的提升。功能结构如图 9-12 所示。

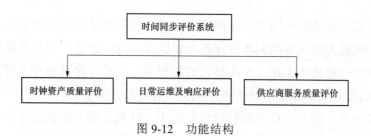

图 9-12　功能结构

1）时钟资产质量评价。时钟装置资产具有来源广泛、生产厂商众多、产品质量参差不齐等特点，其质量的好坏直接关系时间同步工作的准确性与稳定性，如何实现对来自不同厂商的时钟资产质量进行综合评价，是时间同步评价体系研究的关键内容之一。时钟装置资产质量评价指标可以从锁定卫星个数、卫星（BD/GPS）信号强度、时钟装置守时精度、时钟装置主备切换频繁度、装置 CPU 利用率、内存利用率等方面进行设计。评价内容项及其评价标准是对时钟资产质量进行摸底的关键基础数据，实际工作中可在此基础上对同类资产的不同供应商产品的不同评价项目进行分析比对，以分析不同供应商产品优劣势：假定时钟资产 A 的质量评价分量 i 的评价结果为 M_i，为时钟资产质量每个评价分量赋予一定的权重值，最大值为 m，则时钟资产 A 的质量总体评价结果为

$$f_A = \sum_{i=1}^{m}(M_iC_i) \tag{9-1}$$

在计算出每个时钟资产质量评价结果的基础上，可对来自不同供应商的同类时钟资产质量情况进行横向比对分析，即分别计算来自不同供应商的同类资产质量评价结果 f_x，并对每个计算结果进行排序，并以柱状图的方式直观呈现给用户。

2）日常运维及应急响应评价。在时间同步日常运行管理工作中，各种潜在时间同步问题的及时应急预警及响应，可大大减少时间同步系统故障发生概率。因此合理的时间同步应急响应评价是时间同步评价体系的重要环节。假定下级单位 j 的第 i 项评价项目的评价结果为 V_{ij}（其中 $0<i<n+1$ 即 n 个评价项目），每个评价项目对应的权重值为 C_{ij}，则下级单位 j 的日常运维及应急响应整体评价结果为

$$f_{ij} = \sum_{i=1}^{n}(V_{ij}C_{ij}) \tag{9-2}$$

所有下级公司的日常运维及应急响应平均评价结果为

$$\left\{\sum_{j=1}^{m}\sum_{i=1}^{n}(V_{ij}C_{ij})\right\} / m \tag{9-3}$$

由此可以看出所有子公司日常运维及应急响应整体水平，哪些子公司的评价结果低于整体评价水平，工作需要改进，哪些子公司工作值得表扬。另外也可以计算第 i 项评价指标在全公司范围内的平均值，即

$$\left\{\sum_{j=1}^{m}(V_{ij}C_{ij})\right\} / m \tag{9-4}$$

由此可以看出哪些子公司的第 i 项评价结果在整个公司范围内的评价水平。时钟资

产供应商良好的服务是时间同步工作的重要支撑，将良好的供应商服务融入到日常运行管理机制中，可极大提升时间同步管理水平。因此客观、公证、合理地进行时间同步工作评价必须建立一套基于上述3个关键因素的科学、完整、全面地综合评价指标体系。

3）供应商服务质量评价。时钟资产供应商良好的服务是时间同步工作的重要支撑，将良好的供应商服务融入到日常运行管理机制中，可极大提升时间同步管理水平。较为完备的时钟资产供应商服务质量评价因素应考虑：是否具备权威的服务资质；是否具备愉悦和友善的态度；是否具备所需的熟练技术能力；是否具备强有力的执行能力以及能否提供用户满意的服务。针对上述评价因素，可设置优、良、差3个评价标准，从而得出时钟资产供应商提供服务质量的每项评价因素最终定性评价结果。

假定服务资质、服务态度、技术能力、人员执行力、服务满意度等5项评价项目的评价结果为V_i（其中$0<i<6$），对应的权重值为C_i，则供应商提供的服务评价结果为

$$f_V = \sum_{i=1}^{5}(V_i C_i) \tag{9-5}$$

可在此基础上实现不同供应商在时间同步管理工作中的综合排名，为后续产品与服务的采购提供基础数据支持。

10

机器学习时钟同步技术

10.1 机器学习理论基础

自从计算机被发明以来，人们就想知道它能不能学习。机器学习从本质上是一个多学科的领域。它吸取了人工智能、概率统计、计算复杂性理论、控制论、信息论、哲学、生理学、神经生物学等学科的成果。学习是人类具有的一种重要智能行为，目前计算机也已经初步具有这种能力了。正如 Tom M. Mitchell 在其著作《Machine Learning》中指出，机器学习就是指"计算机利用经验自动改善系统自身性能的行为"。简言之，机器学习是指通过计算机学习数据中的内在规律性信息，获得新的经验和知识，以提高计算机的智能性，使计算机能够像人那样去决策。

机器学习的研究主旨是使用计算机模拟人类的学习活动，它是研究计算机识别现有知识、获取新知识、不断改善性能和实现自身完善的方法。这里的学习意味着从数据中学习，它包括有指导学习（su-pervised learning）、无指导学习（unsupervised learning）和半指导学习（semi- supervised learn-ing）三种类别。

（1）有指导学习，之所以称它为"有指导的"，是指有结果度量（outcome measurement）的指导学习过程。我们希望根据一组特征（features）对结果度量进行预测，例如根据某病人的饮食习惯和血糖、血脂值来预测糖尿病是否会发作。我们通过学习已知数据集的特征和结果度量建立起预测模型来预测并度量未知数据的特征和结果。这里的结果度量一般有定量的（quantitative）（例如身高、体重）和定性的（quali-tative）（例如性别）两种，分别对应于统计学中的回归（regression）和分类（classification）问题。常见的有指导学习包括决策树、Boosting 与 Bagging 算法、人工神经网络和支持向量机等。

（2）在无指导学习中，只能观察特征，没有结果度量。此时只能利用从总体中给出的样本信息对总体做出某些推断以及描述数据是如何组织或聚类的。它并不需要某个目标变量和训练数据集，例如，聚类分析或关联规则分析等。

（3）半指导学习是近年来机器学习中一个备受瞩目的内容：已得的观察量中一部分

是经由指导者鉴认并加上了标识的数据，称之为已标识数据；另一部分观察量由于种种原因未能标识，被称为未标识数据。需要解决的是如何利用这些观察量（包括已标识数据和未标识数据）及相关的知识对未标识的观察量的标识做出适当合理的推断。解决这类问题常用方法是采用归纳-演绎式的两步骤路径，即先利用已标识数据去分析并指出适当的一般性的规律，再利用此规律去推断得出有关未标识数据的标识。这里，前一步是从特殊得到一般结论的归纳步，后一步则是将一般规律用于特殊情况的演绎步。这里的关键是如何选择出合适的无标识样本并进行标记。值得注意的是，现有的半指导学习方法的性能通常不太稳定，而半指导学习技术在什么样的条件下能够有效地改善学习性能，仍然是一个值得深入研究的问题。

10.1.1　机器学习发展历程

（1）机器学习是人工智能研究较为年轻的分支，它的发展过程大体上分为三个时期。

1）第一阶段是 20 世纪 50 年代中叶到 60 年代中叶，属于热烈时期。在这个时期，所研究的是"没有知识"的学习，即"无知"学习。其研究目标是各类自组织系统和自适应系统，其主要研究方法是不断修改系统的控制参数和改进系统的执行能力，不涉及与具体任务有关的知识。本阶段的代表性工作是：塞缪尔（Samuel）的下棋程序。但这种学习的结果远不能满足人们对机器学习系统的期望。

2）第二阶段是在 60 年代中叶到 70 年代中叶，被称为机器学习的冷静时期。本阶段的研究目标是模拟人类的概念学习过程，并采用逻辑结构或图结构作为机器内部描述。本阶段的代表性工作有温斯顿（Winston）的结构学习系统和海斯罗思（Hayes-Roth）等的基本逻辑的归纳学习系统。

3）第三阶段从 20 世纪 70 年代中叶到 80 年代中叶，称为复兴时期。在此期间，人们从学习单个概念扩展到学习多个概念，探索不同的学习策略和方法，且在本阶段已开始把学习系统与各种应用结合起来，并取得很大的成功，促进机器学习的发展。1980 年，在美国的卡内基—梅隆（CMU）召开了第一届机器学习国际研讨会，标志着机器学习研究已在全世界兴起。

（2）当前机器学习围绕三个主要研究方向进行：

1）面向任务：在预定的一些任务中，分析和开发学习系统，以便改善完成任务的水平，这是专家系统研究中提出的研究问题；

2）认识模拟：主要研究人类学习过程及其计算机的行为模拟，这是从心理学角度研究的问题；

3）理论分析研究：从理论上探讨各种可能学习方法的空间和独立于应用领域之外的各种算法。

这三个研究方向各有自己的研究目标，每一个方向的进展都会促进另一个方向的研究。这三个方面的研究都将促进各方面问题和学习基本概念的交叉结合，推动了整个机器学习的研究。

10.1.2 机器学习的愿景及应用

最近，引世人关注的人机大战以 AlphaGo 以 4:1 胜利而告终，这为世人所震撼惊叹的同时，更让人感受到机器学习的强大威力，更昭示出机器学习研究与应用的灿烂前景。

以此为契机，机器学习理论研究将会成为一个新的热点，在认知计算、亿智能计算支撑下将促进机器学习向更高阶段发展，在此基础上将会出现性能更好、结构优化、学习高效、功能强大的机器模型，非监督机器学习将会取得实质性的进展。机器学习的自主学习能力将进一步提高，逐渐跨越弱人工智能阶段，不断提高智能性。机器学习将向人类的学习、认知、理解、思考、推理和预测能力迈进，必将推动人工智能及整个科学技术的迈向更高台阶。

随着机器学习与大数据、云计算、物联网的深度融合，将会掀起一场新的数字化技术革命，借助自然语言理解、情感及行为理解将会开启更加友好的人机交互新界面、自动驾驶汽车将成为现实，我们的工作、生活中将出现更多的智能机器人，在医疗、金融、教育等行业将能够给我们提供更多智能化、个性化服务定制服务机器学习一定会造福于我们整个人类，使明天的生活更美好!

10.1.3 机器学习面临的挑战

目前，以深度学习为代表的机器学习领域的研究与应用取得巨大进展有目共睹，有力地推动了人工智能的发展。但是也应该看到，以深度学习为代表的机器学习前沿毕竟还是一个新生事物，多数结论是通过实验或经验获得，还有待于理论的深入研究与支持。CNN 的推动者和创始人之一的美国纽约大学教授 Yann Le 在 2015 IEEE 计算机视觉与模式识别会议上指出深度学习的几个关键限制：缺乏背后工作的理论基础和推理机制；缺乏短期记忆；不能进行无监督学习。

另外，基于多层人工神经网络的深度学习受到人类大脑皮层分层工作的启发，虽然深度学习是目前最接近人类大脑的智能学习方法，但是当前的深度网络在结构、功能、机制上都与人脑有较大的差距。并且对大脑皮层本身的结构与机理还缺乏精准认知，如果要真正模拟人脑的 100 多亿个神经元组成的神经系统，目前还难以实现。因此，对计算神经科学的研究也需要有很长一段路要走。

还有，机器学习模型的网络结构、算法及参数越发庞大、复杂，通常只有在大数据量、大计算量支持下才能训练出精准的模型，对运行环境要求越来越高、占用资源也越来越多，这也抬高了其应用门槛。

总之，机器学习方兴未艾并且拥有广阔的研究与应用前景，但是面临的挑战也不容忽视，二者交相辉映才能够把机器学习推向更高的境界。

10.2　基于机器学习的网络对时

10.2.1　基于机器自学习的高精度网络对时算法

（1）引入网口延时的概念。网络对时的精度可以到达 10 毫秒，其精度并不能满足所有系统设备的要求，影响对时精度的因素有很多，但其中最主要的原因是由网口延时产生的。网口延时与网口的负载率有关系，主端与从端在不同的负载率下有不同的网口延时，设主端的网口延时为 Δt_1，从端的网口延时为 Δt_2，主端的网口负载率为 φ_1，从端的网口负载率为 φ_2。

（2）网口延时与负载率的关系。网口在不同的负载率下，产生的网口延时是不同的，且随着网口负载率的增加，网口延时也随着变大（Tanjila 等，2018），其之间的函数关系为

$$\begin{cases} \Delta t_1 = f(\varphi_1) \\ \Delta t_2 = h(\varphi_2) \end{cases} \tag{10-1}$$

经过测量，幂函数关系最为符合其函数关系，由此可设

$$\begin{cases} f(\varphi_1) = k_1 \varphi_1^a \\ h(\varphi_2) = k_2 \varphi_2^b \end{cases} \tag{10-2}$$

（3）网络对时报文应答模型。在引入主从端的网口延时之后，网络对时的报文传输模型如图 10-1 所示。

报文的传输过程如下：首先，主端向从端发送同步请求报文，并记录下报文离开主端的时间戳 t_1，从端记录下收到同步报文的时间戳 t_2，随后主端将包含时间戳 t_1 的信息发送给从端，在从端接收到同步报文之后的一段时间间隔内，从端时钟为计算网络延时，会将延时请求报文发送到主端时钟，从端会把报文离开的时间标记录成 t_3，主端也会把接收到报文的时间标记下，并记录为 t_4，随后主端将含有 t_4 的信息发送给从端。主端在记录时间戳的同时将这一时刻的网络负载率记录下来，并在发送跟随报文和延时应答报文时一同将网口占有率信息发送到从端。从端在接收到来自主端所有关于时间的信息后进行运算，上述是主从端报文传递进行一次的模型，为提高对时的精度，此初始过程多次进行。

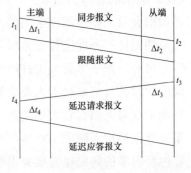

图 10-1　新网络对时报文传输模型

（4）多次报文传输对网口延时经行求解拟合。根据上述的模型可以得到如下的约束关系，即

$$\begin{cases} t_2 - t_1 = (\Delta t_1 + \Delta t_2 + \Delta t) + \theta \\ t_4 - t_3 = (\Delta t_3 + \Delta t_4 + \Delta t) - \theta \\ \Delta t_1 = k_1 \varphi_1^a \\ \Delta t_2 = k_2 \varphi_2^b \\ \Delta t_3 = k_2 \varphi_3^b \\ \Delta t_4 = k_1 \varphi_4^a \end{cases} \tag{10-3}$$

上述的约束关系为一次报文传输过程，为了得到更准确的关系，给出第二次和第三次报文传输约束关系，就可得到完整的控制方程组，其报文传输模型如图 10-2 所示。

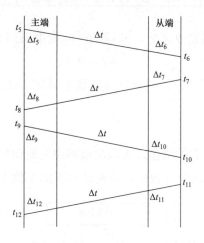

图 10-2 第二和第三次报文传输模型

可得到其约束关系如下

$$\begin{bmatrix} \Delta t_1 = k_1 \varphi_1^a & \Delta t_5 = k_1 \varphi_5^a & \Delta t_9 = k_1 \varphi_9^a \\ \Delta t_2 = k_2 \varphi_2^b & \Delta t_6 = k_2 \varphi_6^b & \Delta t_{10} = k_2 \varphi_{10}^b \\ \Delta t_3 = k_2 \varphi_3^b & \Delta t_7 = k_2 \varphi_7^b & \Delta t_{11} = k_2 \varphi_{11}^b \\ \Delta t_4 = k_1 \varphi_4^a & \Delta t_8 = k_1 \varphi_8^a & \Delta t_{12} = k_1 \varphi_{12}^a \end{bmatrix} \tag{10-4}$$

上述的约束关系中含有的未知量的个数为六个，分别为 k_1、k_2、a、b、Δt、θ，而含有的约束条件也为六个，可以求解出在不同网口负载率条件下的网口延时，通过多次报文传输，对计算的数据进行拟合，可以求出主端网口延时与网口负载率关系最佳的 $f(\varphi_1)$ 的表达式、从端网口与网口负载率关系最佳的 $h(\varphi_2)$ 的表达式。

（5）机器自学习方法的引入。针对一个主从端的网络对时可以按照上述的方程式求解拟合可以得到网口延时，但是由于现场对时设备种类繁多，各个对时设备接口可能不同，其产生的网口延时等都不相同。机器自学习方法就是将本研究高精度的对时方法广泛应用到所有对时设备上，随着报文经行次数的增多，通过机器的自主计算，使得计算的误差逐渐减少，对时的精度不断地提高，达到高精度网络对时的目的。

（6）列出控制关系进行偏差求解。在得到主从端网口延时与网口负载率的关系，即 $f(\varphi_1)$ 与 $h(\varphi_2)$ 的表达式之后，按照图 10-1 的模型得到以下方程组

$$\begin{cases} t_2 - t_1 = (\Delta t_1 + \Delta t_2 + \Delta t) + \theta \\ t_4 - t_3 = (\Delta t_3 + \Delta t_4 + \Delta t) - \theta \\ \Delta t_1 = f(\varphi_1) \\ \Delta t_2 = h(\varphi_2) \\ \Delta t_3 = h(\varphi_3) \\ \Delta t_4 = f(\varphi_4) \end{cases} \qquad (10\text{-}5)$$

解上面的方程组可以得到

$$\theta = \frac{(t_2 - t_1) - (t_4 - t_3) - [f(\varphi_1) + h(\varphi_2)] + [h(\varphi_3) + f(\varphi_4)]}{2} \qquad (10\text{-}6)$$

在求得主从端的延时偏差 θ 之后，从端的时间校准时间计算式为

$$t_r = t_s - \theta \qquad (10\text{-}7)$$

在得到从端的校准时间之后，从端就可以调整时间，达到与主端时间同步的目的。

10.2.2 实验仿真

（1）仿真方法。通过上文的阐述，本高精度网络对时研究方法理论上可以到达 0.1ms 的对时精度，为了验证本方法的有效性，特设计如下的实验去进行验证，如图 10-3 所示。

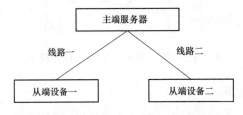

图 10-3 仿真模型

仿真模型中包括一台网络服务器，由北斗和 GPS 进行授时，保证服务器时间的准确性，两台被对时设备，设备一与服务器之间采用电线连接，电线长度为 5km，设备二与服务器之间采用光纤连接，光纤长度为 5km，采用不同的传输介质，保证了对时具有广泛性，能适用于不同的传输环境。设备一与设备二都先与服务器进行数据对发，按照本章的对时方法进行对时，多次数据对发之后，对时精度得到提高，设备与服务器的对时完毕，然后检验本对时方法的对时精度，将 GPS 与北斗系统引入被对时设备，达到时间校检的目的。

（2）仿真结果。经过实验仿真线路一的线路传输延时数据如图 10-4 所示，线路二的线路传输延时数据如图 10-5 所示。

通过实验得到设备一的网口延时数据如图 10-6 所示，设备二的网口延时数据如图 10-7 所示，主端服务器的网口延时数据如图 10-8 所示。

在得到从端得到服务器的时间同步之后，从端调整自身时钟与服务器时钟保持一致，达到对的效果，对比线路一与线路二的时间同步精度，如图 10-9 所示。

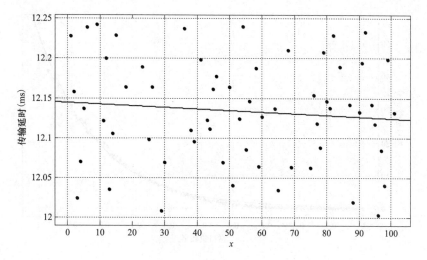

图 10-4 线路一的线路传输延时数据拟合图

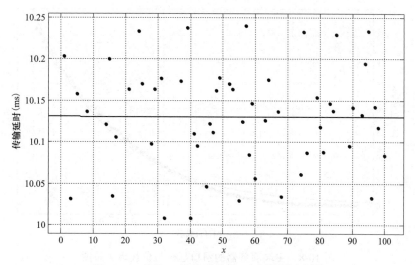

图 10-5 线路二的线路传输延时数据拟合图

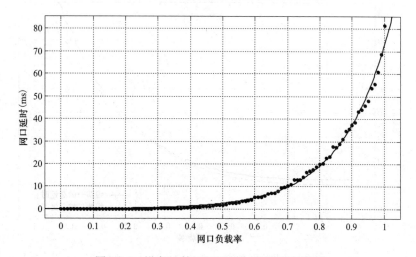

图 10-6 设备一的网口延时与负载率关系图

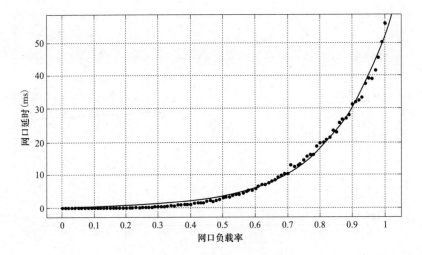

图 10-7　设备二的网口延时与负载率关系图

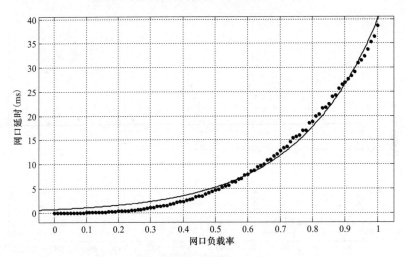

图 10-8　主端服务器的网口延时与负载率关系图

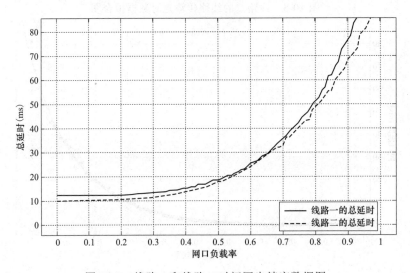

图 10-9　线路一和线路二时间同步精度数据图

可以发现，网口延时在总传输延时中相当大的比重，在网口负载率为 50%时，主从端网口延时加起来可以达到 20ms，而线路的传输延时保持在 10～13ms，如果忽略网络的网口延时，将给时间同步精度带来巨大的误差，本章对网络对时进行研究，相对于传统方法并没有考虑到网口延时，使对时精度有了很大的提升，并且本发明在考虑网口延时的基础之上，针对现场条件的复杂性以及对时稳定性的需求性，提出基于机器自学习算法的网口延时计算方法，使得网络对时方式在精确度、稳定性、高效性、适应性等方面都能很好满足电力系统的要求。

10.2.3　结论

时间同步是电力系统安全运行前提条件，网络对时作为未来对时方式的主要方向，对智能化电网的建设具有重要的意义。本章提出了网络对时中存在网口延时，对网口延时进行分析并给出了其计算方法。然后应用机器自学习的方法对网口延时拟合，得到最佳网口延时函数，从而实现高精度的网络对时。经过对算法的理论分析加上实验验证结果表明，本高精度网络对时算法精度可达 0.01mm，对比于目前的网络对时精度有着较大的提升，这对于促进网络对时的发展有着重要的作用。随着科技的发展，更先进的网络对时技术会逐步涌现，网络对时精度也会逐步提高，网络对时发展前景也会非常广阔。

10.3　时间同步技术新的发展方向

时间同步系统未来的发展主要有三个方面：

（1）北斗系统全面应用。2012 年底，北斗卫星导航系统已完成"第二步走"战略的区域组网工作，并即将从试运行阶段转入正式运行阶段，向中国及亚太周边地区提供连续的导航定位和授时服务。待到 2020 年"第三步走"战略完成时，北斗卫星导航系统将形成全球覆盖能力。

作为我国自主研发、独立运行的全球卫星定位系统，北斗卫星导航系统的成功建设与运行，使我国在定位和授时等核心环节摆脱了对国外系统的依赖，对于涉及国家安全的军事及电力、金融领域，将起到重要的安全保障作用。

因此，可以预见的是，未来几年随着北斗系统的发展完善，相关基带芯片、北斗单模或 GPS/北斗双模模块的测试、优化与量产推广，北斗二代授时系统将在电力系统中得到广泛的普及应用，这也为时间同步系统带来一次重要的升级。

（2）电力系统全网时间同步。在以卫星授时为主的无线授时方式之外，地面有线授时方式是另一种重要的授时方式，以便将发电厂、变电站、控制中心、调度中心等纳入统一的全网时间同步系统中，从而保证即使在卫星授时失效的特殊时期，仍然能够满足电力系统对时间同步的需要，各种电力自动化设备或系统仍然能够接收统一基准时钟源的授时信号，保障电网安全可靠运行。

中国移动的 TD-SCDMA 网络通过 OTN/PTN 等实现了基于 PTP 协议的全网时间同步。电力系统网络在某些地区试验了通过现有 SDH 网络实现 PTP over SDH 的时间同步方案，采用"时间服务器—路由器—传输媒介（SDH）—路由器—主时钟"的方式传输时间信息，相关试验工程得出了一定的数据及结果，后续需要进一步总结与深入研究。

（3）时间同步在线监控。运行监视与调度管理是电网安全可靠运行的重要保障，时间同步系统的状态监控也应该纳入电网安全管理系统中，对时间同步系统运行状态和重要指标进行全面的在线监控。电力行业标准仅规定了对时间同步装置基本的状态显示与故障告警输出等功能要求，在实际应用中，存在不同地区对于全站及全网的安全监控有不同实现方式的现象，通过面向点的传统 104 规约，可以将时钟状态信息上传至省级主站，而面向对象技术的 IEC 61850 标准体系提供了一整套信息模型的方法，可实现时钟状态的信息建模和集中管理，而 PTP 协议标准中也提供了一种管理报文的设计思想。那么，在实际应用中如何有效实施，形成对时间同步系统在线监控的规范化要求，或形成一个统一的标准，是需要考虑的问题。

11

信息同步技术

11.1 定时采集技术

随着电网技术不断走向成熟，各种新的智能技术不断涌现并被应用到实践去，有效促进了电力调度主站系统智能化水平的提高，调度自动化以及变电站数字化系统加速升级换代。在社会现代化工业发展需求的驱动下，在变电站软硬件日渐成熟的推动下，电力调度技术支持系统不断向前发展。

智能调控主站它比以往的主站都更加具有的新的优势和特点，具体表现在以下几个方面：第一，加强智能电站的信息交换程度，它的数据来源包括：量测识别结果、图形和模型的信息、告警的信息、对各类设备的检测信息等；第二，提高了信息的共享和可视化程度，提供出了一个可以全面展示分布式数据和可视化的平台；第三，升级了电网的应用处理系统以及电网的信息搜集，故障收集装置上的信号传输、安全自动装置、继电保护站等，是它的信号数据的来源；第四，从主站的量测装置中，强化了电网采集、应用和处理动态信息的能力。

但是，智能调控主站在技术升级中，也面临新的考验和技术难关。具体表现在以下两个方面：一方面是大量数据处理的技术难度越来越高，另一方面是如何提高电网相关数据的准确性。关于第一方面，数据处理中的难度，体现在以下几个方面：第一、关于展示和存储时标量测的问题，在以往的数据库中，不管采用哪种方法，都很难实现连续存储时标量测，由于对时标量测缺乏，导致内存数据库难以被详细描述，带来存储不易的问题，而且在现实时标量测的问题上，曲线工具和图形都无法对其提供支撑；第二、处理效率低下，大规模的数据量极大地增加了存储和搜索的难度，让这项工作变得复杂难以操作；第三、量测得到的点数每年增长到 TB 等级，这是一个惊人的大数据，所以如何对这大批量的数据进行有效存储，也是一共技术难点。关于提高电网相关数据的准确性方面，也存在以下四个方面的具体问题：第一是量测同步性，因为稳态量测未提供具体时标，结果获取方法有着差异，造成所得结果时间点不一样，这限制了数据的同时传输和应用的功能，干扰了实时分析的准确度；第二是量测的及时性，由于有些量测数据在上传中被延缓，因此在线系统得不到实时的数据，影响了它的实时性；第三是量测的完整性，因为有些数据是无法进行量测的，那么系统的可观测性和量测的冗繁度也受到干扰；第四是量测的准确性，由于某些个别的量测存在一些难以避免的错误，比如数据传输中出现偏差，数据采集中产生的误差等等。

时标量测在近年被使用得越来越频繁，已经成了电网系统中必须存在的重要部分，比如广域测量系统（wide area measurement system，WAMS）、时间序列数据库、相量量测装置（phasor measurement unit，PMU）。在 WAMS 中时标量测已经发挥了很大的作用，比如在获得电网的实时动态数据中，它可以及时捕捉到电网运行中的异常情况，还可以详细地展示电网的运行动态的具体行为，可以实时对电网的动态进行分析和监视。在 WAMS 的基础上，根据技术难度，以及智能电网调控主站的数据特征，在 WAMS 的基础上加入了动态时标量测，提出了把时标量测应用在智能调控主站中的关键方案和技术，引入了电网动态时标的观点，把静态时标量测、动态时标量测和时间序列数据库都应用在智能调控主站中，这样可以更加客观准确地描述电网运行中的具体状态。

带时标数据能真正意义上反映出电网运行过程，体现出时标量测对电力调控系统相关应用的重要性。从本章分析结果中可以看出，对时标量测进行更加准确和全面性的分析，能够更好地保障未来电力调控系统的发展应用。

11.1.1 时标量测-电力调度系统

供电公司的电力系统主要是由许多发电厂提供电能，通过输变电网络（如输电、变电、配电、供电网络）向广大用户提供充足的电力，是一个复杂的动态平衡系统。因为电能的特点，其生产、输配电、用电过程是在一瞬间同时完成和平衡，所以电力系统调度和一般的工业生产调度有很大的不同。电力系统调度要随时保持电厂所发电力与实时负荷平衡，以达到保证电能质量各项要求。为保证电网的平稳运行和安全生产，要求调度管辖范围内的每一个部门都要严格按质按量完成调度任务。电力调度系统就是调度专业了解电网运行情况及各项运行指标（如负荷潮流、电能质量等）的技术支持平台，可以说是作为电力调度的眼睛而存在的。在电力系统三集五大之后，调度和监控系统合二为一，其业务和功能上有了很大的拓展，作为近些年科技实力持续进步的显著标准，属于全新型监控、管理技术。

电力系统调度的主要工作有以下几方面。①预测用电负荷：根据负荷变化的历史记录、天气预报、分析用电生产情况和人民生活规律，对未来 24h 或 48h 进行全系统负荷预测，编制预计负荷曲线，配备好相适应的发电容量（包括储备容量）。②制订发电任务、运行方式和运行计划：根据预测的负荷曲线，按经济调度原则，对水能和燃料进行合理规划和安排，分配各发电厂发电任务（包括水电站、火电厂的负荷分配），提出各发电厂的日发电计划；指定调频电厂和调频容量，并安排发电机组的起停和备用，批准系统内发、输、变电设备的检修计划；对系统继电保护及安全自动装置进行统一整定和考核，进行系统潮流和稳定计算等工作，合理安排运行方式。③进行安全监控和安全分析：收集全系统主要运行信息，监视运行情况，保证正常的安全经济运行。通过安全分析（采用状态估计和实时潮流计算等应用技术）进行事故预想和提出反事故措施，防患于未然。④指挥操作和处理事故：对所辖厂、站和网络的重要运行操作进行指挥和监督。在发生系统性事故时，采取有力措施及时处理，迅速恢复系统至正常运行状态。

以上调度工作应由各级调度机构分层分级执行。由于现代电力系统日益扩大，调度任务复杂，所需监控的信息量庞大，必须采用以电子计算机为核心的调度自动化系统来完成各项调度和监控任务。而调度自动化系统的正确运行又需具备正确可靠的远动通道和完整的厂、站基础自动化设施。

电力调度系统由各变电站及调度自动化系统组成，从而实现调控专业的四遥（遥测、遥信、遥控、遥调）功能，对电网运行状态进行监视调度并及时进行调整和控制。随着调控业务的融合，除了传统的电网运行信息以外，还需要对变电站设备进行直观地远程监视，所以为实现调控的第五个遥视功能需要配置摄像头、视频服务器、摄像头云台等。接着由主控室装配相应设施，同时为网络终端 PC 机配置管理系统，利用一次系统接线图等界面直观呈现各个变电站负荷及电厂机组电力供应情况，同时通过光子、报文、遥测量直观地反映出电力系统管理内容，如果发生异常问题，系统能够依靠大屏幕直接提示故障异常，同时给调控人员发送提示。调控员可根据光子、报文、变位、负荷潮流等自动化信息对故障类型、范围进行分析判断，并及时通知相关专业工作人员进行现场检查，调控员在通知相关专业时若能准确地将故障情况进行汇总判断，直接影响相关专业到达现场前对人员与人数的合理分配，及相应工具备件的准备工作，从而减少专业人员达到现场来回往返的时间，实现快速准确地对故障点完成检修工作。

由此可以看出，只需以电力调控中心为核心便能够对电力系统进行全方位监视及控制，电力调控中心所获得的电网实时信息可以辅助调控中心对电网的运行状态进行监视和控制。实时信息准确性和及时性的大幅提高，可以增强调控中心对电网各种状态分析判断能力，进一步并提高各专业检修工作的执行效率，减少检修工作时间。

11.1.2　时标量测-同步相量测量装置

时标量测-同步相量测量装置是用于进行同步相量量测和输出以及进行动态记录的装置。PMU 的核心特征包括基于标准时间信号的同步向量测量，失去标准时间信号的守时能力、PMU 与主站之间能够实时通信并遵循有关通信协议。

在电力系统中基于 GPS 技术的 PMU 主要是用于数据的测量采集，实现在远程监控系统中电网数据的一致性和准确性。随着近几年对 PMU 的应用研究，在实际的生产运行中的应用，经 PMU 测得的各项数据精确系数大大提高，可以广泛应用到电力系统的各项业务中。

通过从 GPS 系统中获取的高精度授时信号进行电力、电压的采样，然后通过采样数据确定相量，再通过离散傅里叶变换求得基频分量，从而实现对电力系统各个节点数据的同步采集。在电力系统实际运行过程中，若将 PMU 同步安装在各个节点上，即可实时检测整个系统的运行情况。相量、相角、幅值等数据实现同步处理。

PMU 基本功能是通过 GPS 信号同步测量和分析有关指标信息，实现实时监测和实时记录的功能，实时监测功能主要包括：装置应具备同时向主播传送实时监测数据的能力；装置应能接受多个主站的召唤命令，传送部分或全部实时监测数据。装置实时监测数据的输出速率应该可以进行整定，在电网正常的运行中应有多种可选输出速率，但最低输出速率不低于 1 次/s。在电网故障或特殊事件期间，装置应具备按照最高或设定记录速率进行数据输出的能力，装置实时监测数据的输出延时不能过长（相量时标与数据输出时刻之间的时间差）。实时记录功能主要有以下功能：能实时记录全部测量通道的详细相量数据；实时记录数据的最高速度达到 100 次/s；当系统发生越限或振荡等事件时，装置能建立事件标识，以方便用户取得事件相关数据。

同步相量量测装置对时钟同步要求：①装置一般利用 GPS 系统的授时信号 1PPS 作为数据的采样基准时钟源。②装置应能利用 GPS 的秒脉冲同步装置的采样脉冲，采样脉冲的同步误差不超过 ±1μs。为保证同步精度，宜使用独立的 GPS 接收系统。③装置内部造成的任何相位延时必须被校正，当同步时钟信号丢失或异常时，装置能维持正常工作。要求在失去同步时钟信号一段时间以内装置的相角测量误差不大于 1°。

11.1.3 时标量测-全息时标量测

全息时标量测是指通过电力系统中包含遥测和遥信等实时数据在进行量测时增加时标量，形成带有时标的数据，从而达到对有关数据的精细化、全面化采集，例如电网断面有关数据、断路器变位、保护动作、装置故障以及自动装置动作、通信装置异常、变电站交直流系统异常故障等信息数据。由于电网规模在持续增加，且大运行系统也在持续改良，在所有的调控中心中，调控以及调度一体化运用越来越广泛，调控中心得到的信息量也会不断增多，电网出现问题时，那么就会有很多的事件数据需要处理，这样会导致报警系统中有非常多的告警信息、异常提示和故障数据，这样调控人员在对这些数据进行分析和辨别时就会比较麻烦，想要在比较短的时间中将事故问题做出精准的判断是比较困难的，这样就不能在第一时间将事故处理。由于这样的原因，就要求有一种以调度自动化系统为基础的高级应用程序，当事故出现之后，能够精准地做出记录，而且能够在第一时间内做出辅助性判别以及剖析，这样调控人员能够尽快地做出判断，然后利用相应的方式对事故做出处理，这样就能够在第一时间快速地对事故进行处理，不仅可以降低调控人员的工作量，也能够确保电网可以安全工作。

电力系统事故包含自动控制事件、手动控制事件以及系统性扰动事件。这所有的事件都具有一个显著的特点：在事故出现的那一刻，会出现物理形态的突变以及间断性，或者在事故出现的比较短暂的时间中，会出现物理形态的大幅震荡。当前已经登记在案的电网短时事故包含冲击负荷、测量跳变、母线功率不平衡、线路两侧有功不一致、变压器三侧功率不一致、检测不精确、PQI 配对有问题、并裂的母线电压不合格有问题，以及遥信、遥测不正确等。

从这一点上来看，在进行的具体呈现效果上，人们会具有更加重要的作用性分析能力，这样才能够完全意义上实现对当前技术性上的更好体现。在这样的情况下，人们关注到的重点适用性上的分析都会极大地体现出当前绩效的作用性表现。人们需要不断地完善当前表数据测量过程中的具体应用，同时，能够针对当前数据测量的应用性进行分析，体现当前时标测量过程中的具体应用。这样才能够从整体效果中实现对当前数据本身的应用和体现。

11.1.4 时标量测-广域测量系统

广域测量系统（WAMS）是基于同步相量测量和现代通信技术，对地域广阔的电力系统动态过程进行实时动态监测和分析，为电力系统实时控制和运行服务的系统。广域测量系统可以全面、实时监测广域系统的动态行为、状态量（输电线路的传输功率等），对系统的各种特征（包括故障、潜在故障等）进行检测、辨识，早期预测系统的问题，并对电力系统运行计划、操作、控制过程进行优化。WAMS 项目的意义在于：一方面，它在厂网分开、公开竞争的电力市场改革过程中加强电力系统的可靠性；另一方面，WAMS 为目前正在出现的电力系统动态信息网络提供了动态信息的平台。从本质上讲，WAMS 适应了电力系统对动态信息的需要，该项目本身不会开发新的技术，但它提供了动态信息的应用平台，使人们可以从中得到所需的各种动态信息。

（5）相量测量系统。相量测量系统（PMU）是利用全球定位系统（GPS）或北斗卫星导航系统的秒脉冲作为同步时钟构成的相量测量单元。可用于电力系统的动态监测、系统保护、系统分析和预测等领域，是保障电网安全运行的重要设备。基于 GPS 时钟的 PMU 能够测量电力系统枢纽点的电压相位、电流相位等相量数据，通过通信网把数据传到监测主站。根据功能要求，PMU 一般包括同步采样触发脉冲的发生模块、同步相量的测量计算模块和通信模块。

20 世纪 90 年代以来，PMU 陆续安装于北美及世界许多国家的电网，针对同步相量测量技术所进行的现场试验，既验证了同步相量测量的有效性，也为 PMU 的现场运行积累了经验。其中包括 1992 年 6 月，乔治亚电力公司在舍雷尔电厂附近的 500kV 输电线上进行了一系列的开关试验，以确定电厂的运行极限并验证电厂的模型；1993 年 3 月，针对加利福尼亚—俄勒冈输电项目所进行的故障试验等，试验中应用 PMU 记录的数据结果与试验结果相当吻合。目前，同步相量测量技术的应用研究已涉及状态估计与动态监视、稳定预测与控制、模型验证、继电保护及故障定位等领域。

11.2 站内信息同步技术

随着电网自动化、信息化水平的提高，电网对于电力数据的准确性、实时性的要求也越来越高。电力系统采集数据送到主站之后，由于采集的数据本身不具有时间性，各个厂站的时间统一性不高，这些数据的时间同断面性较低，并不能为电网直接应用。同时由于采集到的数据可能存在测量偏差，是错误的数据，直接应用将影响到调度决策的正确性。现在对于采集到的电网数据处理成同断面数据的技术研究是极少的；对于电力系统数据校验有状态估计方法，能够辨识出不良数据，但是由于各个厂站的采集点时间基准可能不同，所用到的数据性质将导致整个评估值的时间准确性不高，最终处理的结果并不能形成一个同断面的数据链，导致数据的可利用性降低。

由时间离散的电力数据得到完整的同断面数据，进而形成以时间为基准的电力数据库，这对于电网自动化、信息化发展至关重要。得到的同断面数据可以用于电网运行状态的精确评估，对调度决策、规划提供准确的依据，同时为电网事故的分析提供可靠的信息来源，全面提高电网信息化、自动化运行水平，保障电网安全稳定。

11.2.1 运行区间限值确定

首先在厂站内，存在多个数据采集测量点。同时交流采样装置具有时间校验功能，在保证采集点时间与厂站主时钟同步。将采集到的数据均打上采集时刻时标，带时标采样数据被送到厂站后台服务器中进行数据存储和处理。

根据采集点历史的运行数据，包括最近一年之内的历史数据，确定所采集数据量最大值和最小值界限。设采集量的正常运行区间上限为 $X_{\max}$，正常运行区间下限为 $X_{\min}$，根据最近 12 个月之内的采集量的最大值和最小值，利用加权算法，求出正常运行区间的上限与下限，即

$$X_{\max} = \sum_{i=1}^{i=12} k_i x_{i\max} , \quad \sum_{i=1}^{i=12} k_i = 1 \tag{11-1}$$

$$X_{\min} = \sum_{i=1}^{i=12} h_i x_{i\min} , \quad \sum_{i=1}^{i=12} h_i = 1 \tag{11-2}$$

式中：i 为离采样时间最近的第 i 个月份；k_i 为第 i 个月上限值权重因子；h_i 为第 i 个月下限值权重因子，$x_{i\max}$ 为第 i 个月的采集量 X 的最大值；$x_{i\min}$ 为第 i 个月的采集量 X 的最小值。

当采集量超过运行上下限时，超出界限的采集数据将不参与后续的运算过程。根据采集数据超出正常运行范围的原因，将其分为两种情况。一种为单点后两点超出正常运行范围，出错的采集点为极少数，此类情况推断为因采集装置的测量误差引起的，处理方式为删除数据。另一种为多点出现采集量超出正常运行范围，出错采集点大于两个，

此类情况推断为是出现事故，导致采集量超出正常运行范围。此时处理方式为启动故障滤波记录下相关运行数据，便于后续分析事故原因。

对于处于正常运行范围内的采集量数据，进行插值拟合曲线处理，将离散的采集数据点变为连续平滑的时间曲线。此步骤采用一种适用于密集数据的三次 B 样条曲线拟合方法，该方法通过计算离散点的曲率，设置合理的曲率阈值提取特征点，然后对特征点进行弦长参数化，并根据特征点的参数构建节点矢量，利用最小二乘法求取控制顶点来拟合离散的采集量数据。

11.2.2 初始三次 B 样条拟合

在给定的采集量数据点向量 P_k 其中 $k = (0,1,2,\cdots,n)$ 组成 $[A,B]$ 区间中，每 4 个点依次连接成的多边形称为 B 特征多边形。利用三次样条函数拟合 B 特征多边形而形成的拟合曲线为三次 B 样条曲线。

三次 B 样条曲线的矩阵表示形式为

$$B_{i,3}(t) = \frac{1}{6}\begin{bmatrix} 1 & t & t^2 & t^3 \end{bmatrix}\begin{bmatrix} 1 & 4 & 1 & 0 \\ -3 & 0 & 3 & 0 \\ 3 & -6 & 3 & 0 \\ -1 & 3 & -3 & 1 \end{bmatrix}\begin{bmatrix} P_i \\ P_{i+1} \\ P_{i+2} \\ P_{i+3} \end{bmatrix} \quad t \in [0,1] \tag{11-3}$$

所以第 i 段三次 B 样条曲线的表达式表示为

$$B_{i,3}(t) = \sum_{j=0}^{3} N_{j,3}(t)P_{i+j} \tag{11-4}$$

其中 t 为参数，$P_i, P_{i+1}, P_{i+2}, P_{i+3}(i = 0,1,2,\cdots,n)$ 为特征多边形相邻的四个顶点；取 $j=3$，$N_{j,3}(t)$ 为三次 B 样条曲线的基函数，递推公式为

$$\begin{cases} N_{0,3}(t) = \frac{1}{6}(-t^3 + 3t^2 - 3t + 1) \\ N_{1,3}(t) = \frac{1}{6}(3t^3 - 6t^2 + 4) \\ N_{2,3}(t) = \frac{1}{6}(-3t^3 + 3t^2 + 3t + 1) \\ N_{3,3}(t) = \frac{1}{6}t^3 \end{cases} \quad t \in [0,1] \tag{11-5}$$

式（11-5）所示的四条基函数处于相同的节点区间，故可拼接成一条完成的 B 样条。

在实际的采样数据拟合处理过程中，往往数据点比较多，如果这些数据全部参与拟合，可能造成拟合效率低，迭代次数多。曲线特征点提取称为关键，它对拟合曲线的形状有直接作用。而曲率则反应了曲线的总体和局部形状特征，采用计算曲率来选取特征点的方法。

对于一条三次样条曲线 $B(t)$，用微分方法求取参数值 t_i 处的曲率，其计算式为

$$k_i = \frac{\|B'(t_i) \times B''(t_i)\|}{\|B'(t_i)\|^3} \tag{11-6}$$

其中 $B'(t_i)$ 为曲线 $B(t)$ 的一阶导数，$B''(t_i)$ 为曲线 $B(t)$ 的二阶导数，k_i 为曲率。

特征点的提取，运用得到离散点的曲率 $K = (k_0, k_1, \cdots, k_n)$，提取特征点原则如下：

（1）对于没有闭合的曲线，其两个端点值必须选择。

（2）确定设定曲率阈值选择特征点，将曲率大于阈值的点设为初始特征点。曲率的平均值为 K_{avg}，曲率阈值设定为 $K_{ths} = \alpha \times K_{avg}$，（$\alpha$ 为比例系数）

阈值的选取要求既可以反映曲线的整体形状，特征点数量又尽量少。阈值的选址比较小时，可能造成控制点比较多；而阈值过大时，则可能表现不出曲线的整体形态。

采用弦长参数法进行特征点参数化，数据点 $Q_0, Q_1, \cdots, Q_n$，参数域 $t \in [0,1]$ 之间的节点有一一对应关系。令 d 总弦长，得到

$$d = \sum_{k=1}^{n} |Q_k - Q_{k-1}| \tag{11-7}$$

则 $\overline{t_0} = 0, \overline{t_1} = 1$

$$\overline{t_k} = \overline{t_{k+1}} + \frac{|Q_k - Q_{k-1}|}{d}, k = 1, 2, \cdots, n-1 \tag{11-8}$$

其中，$Q_k - Q_{k-1}$ 为弦边矢量，$\overline{t_k}$ 为参数点矢量，这种参数化方法真实反映弦长分布的数据点的情况，克服了处理弦长分布不均匀的情况所出现的问题。

节点矢量的构建，采用平均值法构建节点矢量，将节点矢量平均分布，节点矢量为 $[t_0, t_1, \cdots, t_p, \cdots, t_{m-p}, t_{m-p+1}, \cdots, t_m]$，其中

$$t_0 = t_1 = \cdots t_p = 0 \tag{11-9}$$

$$t_{m-p} = t_{m-p+1} = \cdots = t_m = 1 \tag{11-10}$$

$$t_{j+p} = \frac{1}{p} \sum_{i=j}^{j+p+1} \overline{t_i} \quad j = 1, 2, \cdots, m-p \tag{11-11}$$

其中，$m+1$ 表示总节点个数，节点矢量两端各有 $p+1$ 个相同节点，以便控制首末端点与首末两边相切，j 表示中间节点的序数，采用平均值法节点矢量可以很好地反应 $\overline{t_k}$（参数点矢量）的分布情况。

最小二乘三次 B 样条曲线拟合，利用节点矢量和最小二乘法构造逼近特征点的三次 B 样条曲线。由三次 B 样条表达式可知，特征点 D 在最小二乘的意义下被逼近，即

$$\sum_{k=1}^{r-1} |D_k - B(\overline{t_k})|^2 \tag{11-12}$$

其中，$D_0 = B(0)$，$D_r = B(1)$，r 为特征点的个数。

令

$$R_k = D_k - N_{0,3}(\overline{t_k})D_0 - N_{n,3}(\overline{t_k})D_r \quad k = 1, \cdots, r-1, \tag{11-13}$$

$$f = \sum_{k=1}^{r-1} \left| D_k - B(\overline{t_k}) \right|^2 = \sum_{k=1}^{r-1} \left| R_k - \sum_{i=1}^{n-1} N_{i,3}(\overline{t_k}) P_i \right|^2 \qquad (11\text{-}14)$$

f 是关于 $n-1$ 个变量 $P_1, \cdots, P_{n-1}$ 的标量值函数。为使 f 最小，令 f 对控制点 P_l 的偏导数为零，得到如下方程

$$\sum_{i=1}^{n-1} \left(\sum_{k=1}^{r-1} N_{l,3}(\overline{t_k}) N_{i,3}(\overline{t_k}) \right) P_i = \sum_{k=1}^{r-1} N_{l,3}(\overline{t_k}) R_k \qquad (11\text{-}15)$$

这是一个求未知量 $P_1, \cdots, P_{n-1}$ 的线性方程，令 $l = 1, 2, \cdots, n-1$ 则可以得到含 $n-1$ 个未知量和 n-1 个方程的线形方程组

$$(N^T N) P = R \qquad (11\text{-}16)$$

解线性方程组可以求得未知量 P 的值，从而可以确定三次 B 样条的拟合曲线。

11.2.3 样条拟合精细化

拟合曲线精细化，只用特征点拟合的曲线，一般不能满足逼近允许误差的要求，为了得到高质量曲线，需要增加特征点的数量。计算数据点与初始拟合曲线之间的偏差，并将偏差超过设定偏差阈值的点作为特征点，插入初始拟合曲线中重新拟合。

计算逼近偏差，采用 Hausdorff 距离计算数据点与曲线之间逼近偏差。假设两组数据集合 $A = \{a_1, a_2, \cdots, a_p\}$，$B = \{b_1, b_2, \cdots, b_q\}$，则 A，B 两个点集合之间的 Hausdorff 距离为

$$H(A,B) = \max(h(A,B), h(B,A)) \qquad (11\text{-}17)$$
$$h(A,B) = \max_{a \in A} \min_{b \in B} \| a - b \| \qquad (11\text{-}18)$$
$$h(B,A) = \max_{a \in B} \min_{b \in A} \| b - a \| \qquad (11\text{-}19)$$

其中 $\|\cdot\|$ 是点集 A 和点集 B 间的距离范式（如欧式距离），$H(A,B)$ 是双向 Hausdorff 距离，$h(A,B)$ 和 $h(B,A)$ 分别为从集合 A 到集合 B 和从集合 B 到集合 A 的单向 Hausdorff 距离。双向 Hausdorff 距离 $H(A,B)$ 是单项距离 $h(A,B)$ 和 $h(B,A)$ 两者中的较大者，它度量了两个点集间的最大不匹配程度。

曲线局部精细化，计算出初始曲线与对应所有对应采集点的偏差值，设定偏差阈值 e_{ths}，找出超过偏差阈值的所有极大值点，具体操作如下：

（1）根据 Hausdorff 距离公式，计算得到数据点与曲线的逼近偏差 $\min_{b \in B} \| q - b \|$；

（2）求取最大逼近偏差 $h(Q,B)$；

（3）设置偏差阈值 $e_{ths} = \beta \times h(Q,B)$（$\beta$ 为比例系数）；

（4）提取偏差曲线上所有大于偏差阈值 e_{ths} 的点；

（5）将这些点作为新的特征点进行重新拟合（两个初始关键点之间一次性增加的关键点不能超过一个）；

（6）重复上述步骤，直至满足拟合精度，计算结束。

由于三次 B 样条具有局部性，所以新插入的特征点可以改变拟合曲线的局部知量，而对整体没有影响。该拟合方法在保证精度的前提下，大大减少了控制点的个数，提高

了计算效率。

拟合精度评定，提取上一级特征点之后，得两相邻特征点分别为 (x_k, y_k) 和 (x_{k+1}, y_{k+1}) 之间曲线段上距这两个特征点之间直接的偏差最大的点 (x_i, y_i)，通过计算特征点的 h 值，即点 (x_i, y_i) 到点 (x_k, y_k) 和 (x_{k+1}, y_{k+1}) 所连直线的垂直距离，计算式为

$$h_i = \sqrt{\frac{[(x_i, y_k)(y_{k+1} - y_k) - (y_i - y_k)(x_{k+1} - x_k)]^2}{(x_{k+1} - x_k)^2 + (y_{k+1} - y_k)^2}} \qquad (11\text{-}20)$$

计算出除端点以外的所有 h 值。将 $\sum_{i=2}^{n-1} h_i^2$ 作为曲线的整体平方误差，整体平方误差作为衡量曲线拟合精度的一个指标，可以保证曲线的原始形状。

11.2.4　站内同步信息的形成

在厂站内的采集量数据在经过三次 B 样条拟合处理之后，选取初始时间截面 t_0 和时间间隔 Δt。采样数据是带时标数据，设采集量 X 关于时间关系式为 $X_i(t)$，其中 i 为第 i 个采集量编号，采集量 X 为电网运行参数（如电压、电流等）。采集数据在经过拟合之后的离散点变为连续的曲线，可以得到在任意时刻的 $X_i(t)$ 数值，通过时间截面 t_0 和时间间隔 Δt 的确定，最终厂站内形成在 $t_0, t_{0+\Delta t}, t_{0+2\Delta t}, \cdots, t_{0+n\Delta t}$ 时刻点所有采集量断面数据，将厂站内断面数据按照时间轴为刻度进行存储得到本厂站内的同断面数据库。

不同的厂站对采集数据按照相同处理方式，得到各个厂站同断面数据库。之后各个厂站将各自同断面数据上传到调度主站，在调度主站端形成全网的同断面数据库。建立同断面数据库提高了电网实时数据的准确性，为电网调度运行决策提供了可靠的数据支撑。

11.2.5　站内同步信息技术总结

基于带时标信息采集的站内信息同步方法，给出了采集量运行限值计算方法和超越限值数据的处理方法，提高了数据的时间同断面性和数据处理准确度。采用最小二乘法进行三次 B 样条拟合曲线将离散电力采集数据变为连续时间曲线，并引入逼近偏差和偏差阈值达到拟合曲线精细化，在保证精度的前提下，大大减少了控制点的个数，提高了计算效率。最后在调度主站侧建立全网同断面数据库，提高了电网实时数据的准确性，为电网高级应用软件分析和电网调度运行决策提供了数据支撑，提高了电网实时信息应用水平，对于数字化、信息化智能电网建设具有重要的借鉴之处。

11.3　站间信息同步技术

随着计算机技术、云计算技术和大数据分析技术的发展和广泛应用，更多基于电网大数据的高级应用对于发电厂与变电站之间，以及变电站之间数据的同步性和同步稳定性提出了更高要求。然而，由于目前变电站建设初期对全站时间同步系统考虑不够全面，

使变电站内同时存在多套对时系统，多个时钟源完成站内设备的时间同步，这样由于不同授时设备同步精度的差异，造成了站内不同设备时间同步精度不同，上送报文时间标志也不同，使调度端对各变电站上送数据的可用性降低。因此，如何提高变电站数据同步可靠性，成为制约变电站数据可靠性的关键环节。依据 IEEE 1588 精确时钟同步协议的基本原理得出线路两端 A、B 两站的有功曲线确定动态时差，得到时间延时曲线，再将所得数据曲线合入有功曲线中，通过曲线拟合并适当地处理越限上送的不良数据，最终确定同断面，得到时间同步系统方案。

考虑到目前的电力数据多是非同断面数据，给出了实现全面采集数据同断面的处理方法，首先分析了站内采集量正常运行时的最大值与最小值，给出了超出运行区间的原因以及对应处理方法。针对数据的同断面性低的特点，给出将离散时间数据转化为连续时间曲线的处理方法，提高了数据的连续性，通过设定时间截面和时间间隔，使得原本时间同步性较差的数据变为同时间基准的同断面数据。本书给出了电力系统采集数据变为准确同断面数据的处理与校验算法，能够实现主站将收集到的信息形成一个全网的同断面信息，提高信息的准确度与同断面性。

11.3.1 IEEE 1588 同步协议确定动态延时曲线

IEEE 1588 协议采用分层的主从式（master-slave）模式，通过发送和接收同步报文进行时钟同步。协议定义了 4 种多点传送的时钟报文类型：①同步报文，简称 Sync；②跟随报文，简称 Follow_Up；③延时要求报文，简称 Delay_Req；④回应报文，简称 Delay_Resp。

时钟同步过程分为两个阶段进行，一个是偏移测量阶段，另一个是延时测量阶段。对时过程如图 11-1 所示。

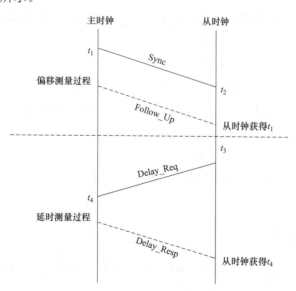

图 11-1　IEEE 1588 协议同步原理

（1）偏移测量阶段。偏移测量是指测量主时钟与从时钟之间的时间偏移量，并在从时钟上消除这些偏移。

第一步：主时钟采用多播方式周期性地（默认为 2s）向网络上发布（同步）报文，并在报文离开 PTP 端口时，记录此 Sync 报文的发送时间从时钟接收 Sync 报文，并在报文接收进入端口时，记录下 Sync 报文的接收时间。

第二步：主时钟在网络上以广播形式发布 Follow_Up（跟随）报文，报文中包含主时钟刚刚发布的 Sync 报文的发送时间戳 t_1 的值：从时钟接收 Follow_Up 报文，从中得到时间戳 t_1 的值。

Follow_Up 报文的作用是向从时钟提供报文发出的准确时间。

（2）延时测量阶段。延时测量阶段用于确定主、从时钟间帧传输过程中的网络延时。

第一步从时钟采用单播方式向主时钟发送 Delay_Req（延迟）请求报文，并在报文发送过程中记录下 Delay_Req 报文的发送时间 t_3；主时钟接收 Delay_Req 报文，并在报文接收过程中记录下 Delay_Req 报文的接收时间。

第二步主时钟采用单播方式向从时钟发送 Delay_Resq（延时应答）报文，其中包含从时钟刚刚发来的 Delay_Resq 报文的接收时间 t_4 的值；从时钟接收 Delay_Resq 报文，从中得到 t_4 的值。

以上步骤所提到的时间均是由位于时钟节点物理层附近的时标生成器在报文进入或离开 PTP 端口时产生，目的是避免操作系统协议栈的延迟。

如果假设主、从时钟间偏差恒定、传输路径对称（即同步报文的收到延迟与延迟请求报文的发送延迟相同），则

$$t_1 + Delay = t_2 + Offset \qquad (11\text{-}21)$$

$$t_4 = t_3 + Offset + Delay \qquad (11\text{-}22)$$

其中，$Delay$ 表示报文传输的网络延时，$Offset$ 表示主从时钟的偏差从而可以得到

$$Delay = (t_2 - t_1) + (t_4 - t_3)/2 \qquad (11\text{-}23)$$

$$Offset = (t_4 - t_3) - (t_2 - t_1)/2 \qquad (11\text{-}24)$$

在实际系统中，网络传输延迟在短时间内相对保持稳定，为了减少 PTP 通信占用的网络流量，从时钟并不是每个周期都向主时钟发出 Delay_Req 报文，而是每隔若干个周期发送一次，在这种情况下，Offset 计算式为

$$Offset = t_2 - t_1 - Delay \qquad (11\text{-}25)$$

得到了从时钟与主时钟之间的偏差，就可以采用适当的调节算法来调节从时钟，最终使得从时钟同步于主时钟。

11.3.2 曲线拟合

假设给定数据点 (x_i, y_i) $(i = 0, 1, \cdots, m)$，φ 为所有次数不超过 $n\,(n \leqslant m)$ 的多项式构成的函数类，现求 $P_n(x) = \sum\limits_{k=0} a_k x^k \in \varphi$ 使得

$$I = \sum_{i=0}^{m} [p_n(x_i) - y_i]^2 = \sum_{i=0}^{m} \left(\sum_{k=0}^{i} a_k x_i^k - y_i \right)^2 = \min \tag{11-26}$$

当拟合函数为多项式时，称为多项式拟合，满足式（11-26）的 $p_n(x)$ 称为最小二乘拟合多项式。特别地，当 $n=1$ 时，称为线性拟合或直线拟合，显然

$$I = \sum_{i=0} \left(\sum_{k=0} a_k x_i^k - y_i \right)^2 \tag{11-27}$$

为 $a_0, a_1, \cdots, a_n$ 的多元函数，因此上述问题即为求 $I = I(a_0, a_1, \cdots, a_n)$ 的极值问题。由多元函数求极值的必要条件，得

$$\frac{\partial I}{\partial a_j} = 2 \sum_{i=0}^{m} \left(\sum_{k=0}^{n} a_k x_i^k - y_i \right) x_i^j = 0 \qquad j = 0, 1, \cdots, n \tag{11-28}$$

即

$$\sum_{k=0} \left(\sum_{i=0} x_i^{j+k} \right) a_k = \sum_{i=0} x_i^j y_i \qquad j = 0, 1, \cdots, n \tag{11-29}$$

是关于 $a_0, a_1, \cdots, a_n$ 的线性方程组，用矩阵表示为

$$\begin{bmatrix} m+1 & \sum_{i=0}^{m} x_i & \cdots & \sum_{i=0}^{m} x_i^n \\ \sum_{i=0}^{m} x_i & \sum_{i=0}^{m} x_i^2 & \cdots & \sum_{i=0}^{m} x_i^{n+1} \\ \vdots & \vdots & & \vdots \\ \sum_{i=0}^{m} x_i^n & \sum_{i=0}^{m} x_i^{n+1} & \cdots & \sum_{i=0}^{m} x_i^{2n} \end{bmatrix} \begin{bmatrix} a_0 \\ a_1 \\ \vdots \\ a_n \end{bmatrix} = \begin{bmatrix} \sum_{i=0}^{m} y_i \\ \sum_{i=0}^{m} x_i y_i \\ \vdots \\ \sum_{i=0}^{m} x_i^n y_i \end{bmatrix} \tag{11-30}$$

式（11-29）或式（11-30）称为正规方程组或法方程组。

可以证明，方程组（11-30）的系数矩阵是一个对称正定矩阵，故存在唯一解。从式（11-29）中求出 $a_k (k = 0, 1, \cdots, n)$，从而可得多项式

$$p_n(x) = \sum_{k=0}^{n} a_k x^k \tag{11-31}$$

可以证明，式（11-31）中的 $p_n(x)$ 满足最小二乘估计量，即 $p_n(x)$ 为所求的拟合多项式。把 $\sum_{i=0}^{m} [p_n(x_i) - y_i]^2$ 称为最小二乘拟合多项式 $p_n(x)$ 的平方误差，记作

$$\|r\|_2^2 = \sum_{i=0}^{m} [p_n(x_i) - y_i]^2 \tag{11-32}$$

多项式拟合的步骤可归纳为以下几点：

（1）由已知数据画出函数粗略的图形散点图，确定拟合多项式的次数 n；

（2）列表计算 $\sum_{i=0}^{m} x_i^j (j = 0, 1, \cdots, 2n)$ 和 $\sum_{i=0}^{m} x_i^j y_i (j = 0, 1, \cdots, 2n)$；

（3）写出正规方程组，求出 $a_0, a_1, \cdots, a_n$；

（4）写出拟合多项式 $p_n(x) = \sum_{k=0}^{n} a_k x^k$ 。

在实际应用中，$n<m$ 或 $n \leqslant m$；当 $n=m$ 时所得的拟合多项式就是拉格朗日或牛顿插值多项式。

11.3.3 加权残差检测法处理不良数据

定义加权残差为

$$r_w = \sqrt{R^{-1}} r \tag{11-33}$$

对应地，有加权残差灵敏度矩阵为

$$W_w = I - \sqrt{R^{-1}} H (H^T R^{-1} H)^{-1} H^T \sqrt{R^{-1}} \tag{11-34}$$

加权残差检测是逐维地对量测量进行假设检验：

H_0 假设：$|r_{w,i}| < \gamma_{w,i}$，H_0 属真，接受 H_0。

H_1 假设：$|r_{w,i}| < \gamma_{w,i}$，H_0 不真，接受 $H_1 (i=1,2,\cdots,m)$。

其中，$\gamma_{w,i}$ 为第 i 个加权残差的门槛值。

$\gamma_{w,i}$ 可按下述方法确定。在正常量测条件下的加权残差，是零均值的正态分布的随机变量。取误检概率 0.005，则正常的加权残差取值范围为

$$|r_{w,i}| < \gamma_{w,i} = 2.81\sqrt{W_{w,ii}} \ (i=1,2,\cdots,m) \tag{11-35}$$

11.3.4 实例分析

某区域内含两座 220kV 变电站，假定每个变电站内有主变压器 1 台，220kV 出线 1 回。为保证两站的独立性，各站配置独立的间隔交换机，同时满足系统双重化冗余设计要求。220kV 线路间隔通过 1 台合并单元和 1 台智能单元实现 220kV 线路保护和测控功能，220kV 母联间隔采集本间隔和母线 PT 间隔的数字量和状态量实现 220kV 母联保护测控功能，母差保护 IED 跨间隔采集信息实现 220kV 母差保护功能。

图 11-2、图 11-3 为 A、B 两站的 Offset 散点图。图 11-4、图 11-5 为两站有功负荷散点图。图 11-6、图 11-7 为两站经每时刻对应的 Δt 前移修复后的有功负荷曲线（散点图）。

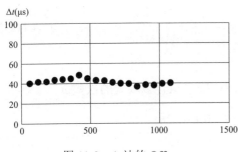

图 11-2 A 站的 Offset

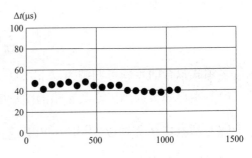

图 11-3 B 站的 Offset

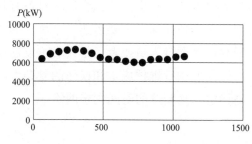

图 11-4 A 站有功负荷

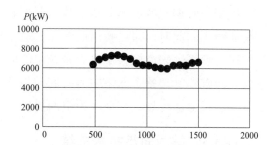

图 11-5 B 站有功负荷

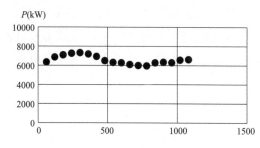

图 11-6 A 站前移 Δt 后有功负荷

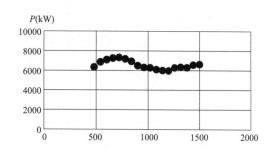

图 11-7 B 站前移 Δt 后有功负荷

图 11-8、图 11-9 为加权拟合后所得有功负荷曲线图。

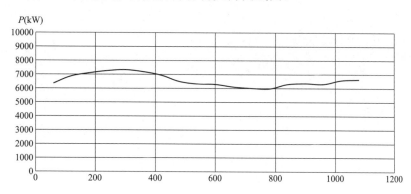

图 11-8 A 站有功负荷拟合曲线图

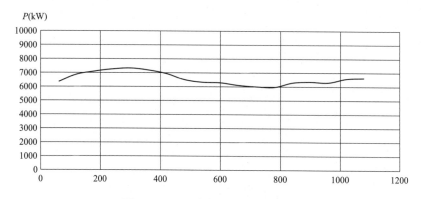

图 11-9 B 站有功负荷拟合曲线图

　　根据延时偏差散点图分别推算出两站有功负荷散点图，再由曲线拟合原理可得有功负荷曲线图。此时，即可找出同断面。对于时间网络管理问题，需要组建一个统一的时间网络管理平台来监控整个电力系统中的时间网络，让调度人员或者运维人员可以远程查看、配置和管理整个网络中的时间同步装置，以降低运行维护成本和操作的复杂性，使设备运行更加可靠、安全，为电网提供一个高稳定、高精度的时间同步网络。

11.3.5　站间同步技术总结

　　电力系统的日常运行事故分析、生产管理均需要高精度的时间基准提供依据，因此，统一两站间的时间同步系统，并完善数据处理系统非常有必要。在建设变电站内时间同步系统的基础上，逐步完善省级电网、区域电网或国家电网的时间同步，是技术发展的必然趋势。只有充分完善了时间同步机制的电网，才能称为真正意义上的现代化电网。

参 考 文 献

[1] 张道农，于跃海. 电力系统时间同步技术［M］. 北京：中国电力出版社，2017.

[2] 甘明庆，陈波. 智能变电站时间同步系统可靠性分析与评估［J］. 自动化与仪器仪表，2016，17（09）：160-164.

[3] 李波，张道农. 电力系统全网时间同步应用研究与案例分析［C］. 中国电机工程学会. 2013 年中国电机工程学会年会论文集，2013.

[4] 陈志刚，彭学军. 智能变电站时间同步在线监测研究［J］. 电气技术，2016，18（05）：96-104.

[5] 卢晓颖. 电力系统中时间同步技术的应用［J］. 农业科技与装备，2013，12（05）：65-69.

[6] 刘弘沛，杨帆. 北斗导航系统的时间同步技术在电力系统中的应用［J］. 华东电力，2011，39（03）：489-491.

[7] 荣莉. GPS 时间同步系统在电力系统中的应用［J］. 测绘与空间地理信息，2007，16（05）：92-93.

[8] 熊洪樟. 电力时间同步测试研究［D］. 北京：华北电力大学，2016.

[9] 高翔. 数字化变电站若干关键技术研究［D］. 杭州：浙江大学，2008.

[10] 舒磊. 智能电网广域时间同步技术研究［D］. 长沙：长沙理工大学，2016.

[11] 贺洪兵. 基于 GPS 的高精度时间同步系统的研究设计［D］. 成都：四川大学，2005.

[12] 潘峰，刘刚. 时间同步性能评估指标及测试方法探讨［J］. 电信网技术，2015，15（07）：5-7.

[13] 熊志杰. 电网同步时钟校验软件系统设计［D］. 成都：电子科技大学，2012.

[14] 吴杰. 高精度时间同步装置的设计与实现［D］. 南京：南京航空航天大，2012.

[15] 潘小山. 基于北斗卫星的电力授时终端设计与实现［D］. 北京：华北电力大学，2013.

[16] 郭彬. 基于北斗/GPS 双模授时的电力系统时间同步技术研究［D］. 长沙：湖南大学，2010.

[17] 刘洋. 数字化变电站时钟同步模块研究［D］. 天津：天津大学，2012.

[18] 潘宏伟. 应用 IEEE 1588 协议的电力系统对时技术［D］. 济南：山东大学，2011.

[19] 李艳. 基于北斗导航系统的时钟同步监测系统研究与应用［D］. 天津：天津大学，2016.

[20] 陈洪卿. 关于参与制定《华东电网时间同步系统技术规范》［J］. 时间频率学报，2003，25（02）：153-158.

[21] 张坤，张道农. 电力系统的时间同步时钟源及授时技术探讨［C］. 中国电机工程学会. 2013 年中国电机工程学会年会论文集，2013.

[22] 吴鹏. NTP 授时服务性能监测及状态评估［D］. 上海：中国科学院研究生院（国家授时中心），2016.

[23] 王康. 网络精密授时若干关键技术研究［D］. 上海：中国科学院研究生院（国家授时中心），2015.

[24] 陈凯，朱钰. 机器学习及其相关算法综述［J］. 统计与信息论坛，2007，17（05）：105-112.

[25] 张润，王永滨. 机器学习及其算法和发展研究［J］. 中国传媒大学学报，2016，23（02）：18-24.

[26] 王顺江. 电力实时信息优化处理关键技术研究与应用［D］. 沈阳：中国科学院大学（中国科学院沈阳计算技术研究所），2019.